el hombre
y
sus obras

Fotografía de Louis-Auguste Blanqui. Fotógrafo: Émile Appert.

LA ETERNIDAD
A TRAVÉS DE LOS ASTROS
Hipótesis astronómica

por
LOUIS-AUGUSTE BLANQUI

traducción y nota preliminar de
LISA BLOCK DE BEHAR

siglo
veintiuno
editores

✖ XXI

siglo veintiuno editores, s.a. de c.v.

CERRO DEL AGUA 248, DELEGACIÓN COYOACÁN, 04310, MÉXICO, D.F.

portada de pablo thiago rocca
grabado: *carceri d'invenzione* de giovanni battista piranesi

primera edición, 2000
© siglo xxi editores, s.a. de c.v.
isbn 968-23-2230-8

ÍNDICE

NOTA PRELIMINAR, *por* LISA BLOCK DE BEHAR   XIII

LA ETERNIDAD A TRAVÉS DE LOS ASTROS   1

I. El universo - El infinito   3

II. Lo indefinido   5

III. Prodigiosas distancias de las estrellas   7

IV. Constitución física de los astros   9

V. Observaciones sobre la cosmogonía de Laplace.
Los cometas   15

VI. Origen de los mundos   24

VII. Análisis y síntesis del universo   37

VIII. Resumen   58

A Jacqueline Chénieux-Gendron,
a la lucidez poética de su visión literaria.

A Arturo Rodríguez Peixoto,
a la precisa gracia de su sabiduría silenciosa.

En esa celda circular, un hombre que se parece a mí escribe en caracteres que no comprendo un largo poema sobre un hombre que en otra celda circular escribe un poema sobre un hombre que en otra celda circular... El proceso no tiene fin y nadie podrá leer lo que los prisioneros escriben.

JORGE LUIS BORGES

Al borde de las cosas que no comprendemos del todo, inventamos relatos fantásticos para aventurar hipótesis o para compartir con otros los vértigos de nuestra perplejidad.

ADOLFO BIOY CASARES

La eternidad de las penas del infierno tal vez ha privado a la idea antigua del eterno retorno de su ángulo más terrible. Pone la eternidad de los tormentos en el lugar que ocupaba la eternidad de una revolución sideral.

WALTER BENJAMIN

En la actualidad, es responsabilidad legítima de los científicos, como lo fue dos mil trescientos años atrás, dar cuenta de la formación del sistema solar y del conjunto de estrellas que forman la galaxia con el concurso fortuito de átomos. Al preguntársele al mayor expositor de esta teoría, cómo pudo escribir un inmenso libro sobre el sistema del mundo sin mencionar a su autor, respondió, muy lógicamente: "Je n'avais pas besoin de cette hypothèse-là."

CHARLES SANDERS PEIRCE

L'ÉTERNITÉ

PAR LES ASTRES

HYPOTHÈSE ASTRONOMIQUE

PAR

A. BLANQUI

PARIS

LIBRAIRIE GERMER BAILLIÉRE

RUE DE L'ÉCOLE-DE-MÉDECINE

1872

Portada de la 1a. edición de *L'éternité par les astres. Hyphotèse
astronomique,* editada por Librairie Germer Bailliére, París, 1872.

NOTA PRELIMINAR

En más de un sentido, *La eternidad a través de los astros*, publicado en París a principios de 1872, es un libro extraño. Escrito por Louis-Auguste Blanqui (1805-1881), un revolucionario que la historia registra por la audacia de sus conspiraciones y la perseverancia de su agitación política, el libro sorprende en virtud de la lucidez poética de una imaginación que habilita un itinerario inesperado, sideral y familiar a la vez: "Me refugio en los astros donde uno puede pasearse sin límites", le escribe a su hermana, en una carta dirigida desde la prisión, como haciendo referencia a un acogedor amparo estelar al que recurriera habitualmente. Su autor fue reconocido como el jefe natural de la Comuna y, más tarde, como "el mayor luchador del período que se extiende entre 1827 y 1881".[1]

Baudelaire, que admiraba a Robespierre, veía en Blanqui, en su temple "ardiente y puro", la reencarnación de quien alentó Terror y Virtud. Mereció el aprecio de Karl Marx quien, a pesar de las marcadas discrepancias, no dejó de reconocer en Blanqui "la cabeza y el corazón del partido proletario de Francia".[2] Sus opositores veían en él al más peligroso de sus enemigos; quienes formaban con él filas y compartían afinidades ideológicas tampoco disimulaban las aprensiones que la resonancia de su clamorosa prédica sediciosa les suscitaba. Fue para Walter Benjamin "la voz de bronce [que] estremeció el siglo XIX".[3] En las anotaciones que adelantan su libro sobre Baudelaire, Benjamin se propone confrontarlos a ambos, a fin de despejar de una buena vez –son sus palabras– las brumas que ocultan las "iluminaciones" de quien suele recordarse según la vehemencia disconti-

[1] André Mitry, *Auguste Blanqui. Révolutionnaire trois fois condamné à mort* (panfleto político publicado por la "Société Amis de Blanqui" el 2 de febrero en su asamblea constitutiva), 8, avenue Mathurin Moreau., París, 1951, 31 pp.

[2] En una carta de Karl Marx dirigida al doctor Watteau el 10 de noviembre de 1861.

[3] Walter Benjamin, "Thèses d'histoire de la philosophie", en *Poésie et Révolution*, París, Denoël, 1971, p. 284.

GUSTAVE GEFFROY
DE L'ACADÉMIE GONCOURT

L'ENFERMÉ

ÉDITION REVUE ET AUGMENTÉE PAR L'AUTEUR

—

PORTRAIT D'AUGUSTE BLANQUI
par EUGÈNE CARRIÈRE

—

TOME I

BIBLIOTHÈQUE
DE L'ACADÉMIE GONCOURT
LES ÉDITIONS G. CRÈS ET Cⁱᵉ
21, RUE HAUTEFEUILLE — PARIS

—

MCMXXVI

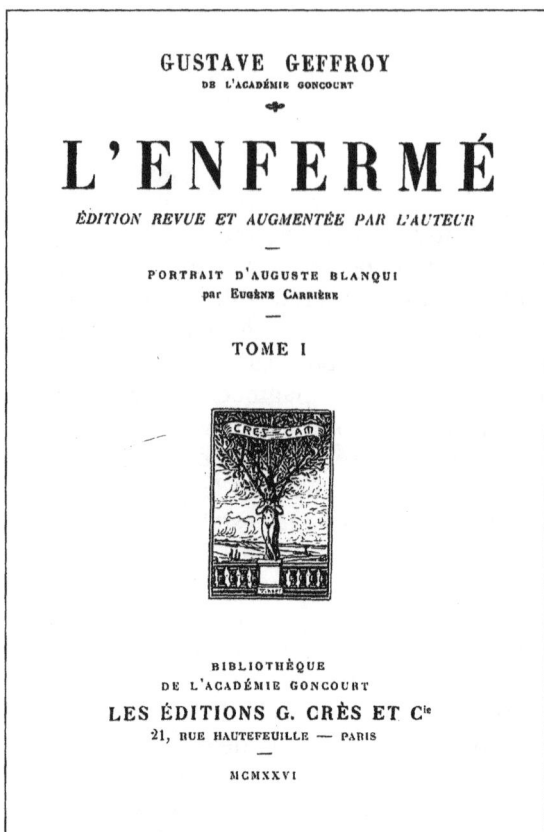

Portada del tomo I de *L'enfermé* de Gustave Geffroy, editado por Les Éditions G. Crés et Cie., París, 1926.

nua de sus partidarios: "Baudelaire se encuentra tan aislado en el mundo literario de su época como Blanqui en el mundo de los conspiradores".[4] Interpreta, además, que la derrota de Blanqui significó la victoria de Baudelaire y de la pequeña burguesía. "El abismo" (*Le gouffre*), entre otros poemas de Baudelaire, replica su visión vertiginosa del infinito y del silencio, el silencio de la prisión y del espacio insondable pero también el deseo y los sue-

---

[4] Walter Benjamin, *Paris, capitale du XIXe siècle. Le livre des passages*, edición original e introducción de Rolf Tiedemann, París, Les Éditions du Cerf, 1989, p. 384.

ños de un terrorista que en plena acción no dejaba de pensar. Blanqui ha sucumbido, Baudelaire ha alcanzado el éxito, y en el vaivén comparativo Benjamin encumbra al autor de *La eternidad a través de los astros* por sobre otros personajes de la época.

Condenado por sus insurrecciones contra la monarquía, temido por sus violentas acusaciones contra el clero, contra la burguesía, contra la francmasonería, perseguido como denodado organizador de sociedades secretas, víctima de las calumnias de quienes fueron sus compañeros, Blanqui fue encarcelado más de veinte veces, deportado y tres veces sentenciado a muerte. Pasó más de treinta años de su vida encerrado en las prisiones más severas: en el Monte Saint-Michel, en la isla Belle-Île-en-Mer, en el Fuerte de Taureau, donde fue sometido, a raíz de los acontecimientos de la Comuna de París, a las condiciones carcelarias más terribles sólo porque se sospechaba de que hubiera participado en las encarnizadas luchas de entonces.

Durante circunstancias de continua disensión política y constante desasosiego social, concibe y escribe este libro extraño a su fervor político, a sus maniobras revolucionarias, donde asombra que no se insinúen ni los excesos de su ánimo combativo ni la adversidad de la condena ni las penurias de la prisión. Desde el interior más reducido de la celda, su escritura le habilita la entrada a otros mundos a los que accede por una imaginación en fuga hacia espacios insonoros y tiempos repetidos. Contemporáneo del *flâneur* que demora su ocio en las calles de París, Blanqui se complace en deambular por el espacio infinito más allá de las incertidumbres, de las contingencias que prevé a distancia, comprometido con su tiempo pero escribiendo al margen de la historia y de sus estrépitos, de las acciones ensordecedoras que él mismo provocaba desde la penumbra de calabozos cada vez más sólidos y sórdidos.

La notable biografía que le dedica Gustave Geffroy lo presenta como "el encerrado" (*L'enfermé*),[5] un título que podría haber sido la inscripción emblemática de su divisa. Los desvelos del biógrafo abarcan en dos volúmenes las vicisitudes de su lucha, las tribulaciones de una época en la que no escasearon las aflicciones de su sacrificio brutal, el rescate doctrinario y visionario,

---

[5] Gustave Geffroy, *L'enfermé* (2 vols.), París, Les Éditions G. Crés et Cie., 21, rue Hautefeuille, 1926.

razonado y poético, de un tiempo por venir, intentando adelantarlo en un siglo que trasciende 'el viejo orden social' con las fantasmagorías de su delusión.[6]
A pesar de la clausura y el aislamiento, sin claudicar de sus
ideas ni desistir de sus propósitos, Blanqui siguió resistiendo:
desde el interior de su celda, declaró la guerra callejera, organizó barricadas, ordenó y publicó las *Instrucciones para una
toma de armas (Instructions pour une prise d'armes)*, un texto
que circuló discretamente entre 1868 y 1869. Aun en prisión,
no dejaba de actuar ni renegaba de sus convicciones, en el centro de las mayores agitaciones; desde allí, en 1861, fue conducido ante los tribunales de donde se documenta el siguiente
diálogo:

_ A pesar de sus veinticinco años de prisión, ¿ha conservado usted sus
    mismas ideas?
– Exactamente.
– Y no sólo sus ideas, sino ¿también el deseo de hacerlas triunfar?
– Sí, hasta la muerte.

Pasarían muchos años más y sucesos cada vez más desgraciados; en la misma medida medraba su obstinación. Si bien Blanqui no es el protagonista de *L'insurgé*[7] –la conocida novela de Jules Vallès, de alguna manera "el encerrado" se identifica con "*el
insurrecto*". En el curso de la narración, su nombre aparece
mencionado varias veces; el narrador reitera y extiende la austeridad de su figura escueta en descripciones fieles; estampa sus
advertencias contra riesgos que conocía, recuerda las instrucciones, los gestos tranquilos:
"[Blanqui] les daba un curso de estrategia política y militar"
dice el narrador. La novela de Vallès trata de la Comuna; en ese
marco trágico no elude las precisiones de un realismo revolucionario donde una y otra vez presenta el protagonismo de Blanqui
y, como si necesitara corroborar su identidad, afirma: "Es Blanqui". Dando testimonio de su presencia, la mención deviene una
de esas referencias recurrentes que señalan la verosimilitud his

[6] R. Tiedemann, "Introduction", *op. cit.*, p. 22.
[7] Jules Vallès, *L'insurgé*, publicación póstuma de 1896, París, Ed. Garnier-
Flammarion, 1970, pp. 160, 184, 185.

Fotografía de Jules Vallès, miembro de la Comuna, 1871.

tórica en la ficción, un personaje de verdad que, por real, no es menos épico en una insurrección que, por histórica, tampoco es menos legendaria.

Muy cerca, un viejito corretea, solo, completamente solo, pero veo que lo sigue la mirada de una banda en medio de la que reconozco a los amigos de Blanqui.

Es él, el hombre que recorre a lo largo toda la muralla, después de haber andado el día entero sobre los flancos del volcán, mirando si no surgía, por encima de la muchedumbre, una llama que sería el primer resplandor de la bandera roja.

¡Ese solitario, ese viejito, es Blanqui![8]

Más recientemente, indagando sobre la actualidad de Blanqui, Alain Decaux extiende, en un voluminoso libro, a lo largo de más de seiscientas páginas, su imagen de revolucionario consagrado a la insurrección: *Blanqui, l'insurgé*,[9] un título que restituye en parte las contradicciones a las que quedará definitivamente asociado: el encerrado, aún prisionero, seguirá siendo el insurrecto. Sin apartarse de esa condición a la que no termina de someterse, que constituye, a su pesar, su segunda naturaleza, persevera en una acción combativa que la prisión no logra interrumpir ni detener. Pretende haber superado las contrariedades de la reclusión por medio de una salida casi retórica, otro argumento de una huida que no siempre se verifica, una especie de salvoconducto que dirime las injusticias del mundo por la fantástica fundación de otros mundos, remontando "las presuntivas aguas del Tiempo" en procura de una eternidad inabarcable o inasible.

Si toda ficción implica el apartamiento voluntario de una situación real particular y la creencia en la supresión del mundo de los avatares cotidianos para ingresar a otro, la aventura literaria que estremece la detención de Blanqui es tan desaforada como su gesta política ya que no se conforma con atravesar los muros de una fortaleza para pasar al otro lado de la prisión sino que entreabre una grieta hacia la inmensidad del espacio infinito. Los trámites de la ficción requieren una zona de ambivalencias y el claroscuro de la celda la favorece; desde allí atisba el espacio, lo prodiga. Ni afuera ni adentro, entre la clausura y el vacío, entre la inercia y el vuelo, a medias, ni falso ni verdadero, un pasaje entre la tierra y el cielo, similar a esas galerías metropolitanas desde donde se vislumbran, difusos, a través de los cristales, los intersticios de la gran ciudad, los *pasajes* que la definen como la capital del siglo xix, esa fábrica de sofisticación que es París en la crítica de Blanqui.[10]

Las cavilaciones astrales de Blanqui, sus minuciosas informa-

[8] *Ibidem*, p. 160.
[9] París, Librairie Académique Perrin, 1976.
[10] Carta a Lacambre, 7 de octubre de 1862, en Maurice Dommanget, *La vie de Blanqui sous le Second Empire*.

ciones y presunciones sobre una ciencia a la orden del día, multiplican esas dualidades valiéndose de una estrategia científica apta para fundamentar la fantasmagoría de sus visiones cósmicas. Para compensar la reducción de la celda, no le alcanza con imaginar episodios de libertad civil a escala ciudadana, y se inventa un universo sin límites, un infinito para sí. Cercado por muros más altos y espesos que las miles de barricadas que había contribuido a construir, alejado de los hombres por el rigor de la condena, él mismo elige apartarse todavía más, dejar de lado su tiempo y la tierra, por otros tiempos y tierras y "sentir el placer de viajar con la imaginación sobre el ala de los cometas que viajan de sistema en sistema".[11]

A partir de ese doble alejamiento, las paradojas, o las contradicciones, parecerían inevitables: en la prisión, un hombre que hace de la acción su horizonte se ve reducido a la pasividad por la fuerza; su entrega a la colectividad se convierte en el más cruel de los aislamientos; entrañablemente comprometido con los acontecimientos políticos, no le pesa optar por una eternidad que los anula; luchando por la justicia en el presente y un futuro auspicioso, cifra su confianza en el eterno retorno; rebelándose contra el mundo en el mundo al revés, reveló a su manera, con la naturalidad que elude el asombro, la existencia plural de otros mundos que avalan una eternidad, por repetición, durante tiempos incontables:

Todo ser humano es pues eterno en cada uno de los segundos de su existencia. Esto que escribo en este momento en una celda del fuerte de Taureau, lo he escrito y lo escribiré durante la eternidad, sobre una mesa, con una pluma, con vestimentas, en circunstancias semejantes. Así cada uno.

Entre dos extremos, que el discurso de la ciencia y el discurso literario oponen, este libro de Blanqui pasa por alto la historia. Su rescate poético intenta reparar, por la precisión de la escritura y los desplazamientos de la ficción, los males temporales que inflige la autoridad contra la que él se debate a muerte, una redención contra las indiferencias y desigualdades de una sociedad que deplora y denuesta.

---

[11] Camille Flammarion, crítica aparecida en *L'Opinion Nationale*, París, 25 de marzo de 1872.

Las celebraciones patrióticas y partidarias, los homenajes de
bulevares y monumentos provincianos y fúnebres que lo recuerdan, no suelen evocar que la misma vehemencia con que defen-
día principios revolucionarios, era prodigada a una incontenible
pasión por escribir y por lecturas que la persistente adversidad
no llegaba a interrumpir. Al mismo tiempo que proclamó que "la
idea no es nada sin la acción", reclamaba que se le enviara libros: "sólo un servicio [...] un solo gesto de afecto"[12] que le ase-
gurara la provisión de las lecturas que tanto ansiaba. Interrogado en el proceso a la "Sociedad de amigos del pueblo", el diálogo
con el presidente del tribunal se da en los siguientes términos:

– ¿Cuál es su profesión?
– Proletario.
– Ésa no es una profesión, Blanqui.
– ¡Cómo que no es una profesión! Es la profesión de treinta millones de
franceses que viven de su trabajo y a quienes se les priva de derechos
políticos.
– ¡Y bien, sea! Actuario, escriba que el prisionero es proletario.[13]

Cuando debió comparecer ante el consejo de guerra en la sa-
la de audiencias del Palacio de Justicia de Versalles, otro diálogo que mantuvo con el magistrado cambia de tema aunque no
de tono. Interrogado esta vez frente a un público numeroso y he-
terogéneo, tampoco duda en definirse:

– Acusado, levántese. ¿Cómo se llama usted?
– Louis-Auguste Blanqui.
– ¿Qué edad tiene?
– Sesenta y siete años.
– ¿Cuál es su domicilio?
– La prisión.
– ¿Su profesión?
– Escritor.

---

[12] Gustave Geffroy insiste en su avidez por la lectura y en sus reclamaciones
para que le fueran alcanzados libros, folletos, diarios, revistas, atlas; vol. I, *op.
cit.*, p. 231.
[13] "Défense du citoyen Louis-Auguste Blanqui devant la Cour d'Assises", París, 1832, p. 4.

Muy diferente de la violenta crítica de sus escritos políticos o de la obstinación de su acción y de sus convicciones, *La eternidad a través de los astros* es un pequeño libro que llega a las setenta páginas en su edición original de 1872.[14] De circulación escasa, permanece aún desconocido entre los estudiosos de literatura y ha sido mencionado sólo lateralmente por quienes defendían las diferentes corrientes socialistas de un siglo pasado que llegaron a agitar las ideas del siglo que pasó. Fue reeditado por Miguel Abensour y Valentin Pelosse al cumplirse el centenario de su aparición[15] junto con otros textos suyos de diferente carácter. De la misma manera que anunciando el lanzamiento de su publicación inmediata, su editor decía: "nos parecía curioso mostrar a nuestros lectores cómo el célebre agitador socialista trataba una cuestión científica"; una publicación muy reciente, realizada a partir de la primera edición, se interesaba por revisar la profundidad filosófica de esa meditación literaria sin renunciar a formular una teoría general del universo.[16]

Aun quienes siguen atentos a la repercusión de la militancia revolucionaria de Blanqui y suelen aproximarse a este texto de adhesión difícil, quedan desconcertados ante la imposibilidad de incluirlo en las clasificaciones genéricas tradicionales. ¿Acaso constituye un tratado científico configurado por una imaginación que impugna los principios rígidos de un positivismo demasiado doctrinario? ¿Es una meditación filosófica que vuelve a radicar en los astros las alegorías de la eternidad? ¿Es un discurso que encuentra, en las fracturas de la visión poética, las aperturas que la fatalidad de la historia le negaba? A pesar de que el tema recurrente atiende la observación de los sistemas estelares, a pesar de la precisión química con que describe los análisis espectrales de las sustancias que componen los astros y enumera

---

[14] Louis-Auguste Blanqui, *L'éternité par les astres. Hypothèse astronomique*, París, Librairie Germer Baillière, Rue de l'École de Médecine, 1872.

[15] Una anticipación de algunos capítulos fue publicada por la *Revue Scientifique* y en *Le Radical* en febrero de 1872, durante la misma semana del proceso a Blanqui. Luego, el mismo año, aparece en versión completa, en la editorial Germer Baillière. Una publicación más reciente fue realizada por la Éditions de la Tête de Feuilles. Coll. Futur Antérieur, *Instructions pour une prise d'armes, L'éternité par les astres. Hypothèse astronomique et autres textes*, presentados por Miguel Abensour y Valentin Pelosse, París, 1972.

[16] La última edición de *L'éternité par les astres* fue publicada por la editorial Slatkine en su colección "Fleuron", con prólogo a mi cargo, París-Ginebra, 1996.

la cantidad limitada de elementos para concebir un espacio sin límites, la formulación científica desarticula su rigurosa fundamentación por el ejercicio de una confianza irónica y la filosofía poética de comentarios y conclusiones. Sería demasiado arduo ajustarlo a taxonomías que distribuyeran las piezas del discurso científico por un lado, el filosófico por otro, distantes del poético, o lo compartimentaran en las contrapartidas paródicas que pudieran controvertir esos discursos. Las iniciativas por publicar las obras completas de Blanqui, incluso las más recientes, no la incluyen. Un voluminoso primer tomo de Œuvres (*Obras. De los orígenes a la Revolución de 1848. Textos reunidos y presentados por Dominique Le Nuz*),[17] por ahora el único de la serie anunciada, replica y extiende la iniciativa que tuvo a su cargo años atrás Arno Münster,[18] de la que tampoco se materializó más que el primer volumen. Samuel Bernstein le había dedicado un libro a *Blanqui y el blanquismo*[19] donde, sin desatender las referencias ideológicas de su socialismo, al que Blanqui denominaba "práctico", el autor anota las minucias de sus desventuras en la prisión "devorado por el aburrimiento, la ansiedad, la monotonía, el desaliento, los días eternamente parecidos, la inmovilidad, el vacío, la nada".[20] Por eso, todo requería ser anotado, incluso contrastando los detalles minuciosos de una rutina anodina de la que solía evadirse por la observación de las estrellas y las delusiones del tiempo que constituían sus distracciones preferidas.

Son numerosos los libros que tratan de Blanqui y de sus fervorosos acólitos. Por su parte, Maurice Dommanget,[21] en varios li-

---

[17] *Louis Auguste Blanqui. Œuvres I. Des origines à la Révolution de 1848.* Textos reunidos y presentados por Dominique Le Nuz. Prefacio de Philippe Vigier, Nancy, Presses Universitaires de Nancy, 1993.

[18] *Louis-Auguste Blanqui. Écrits sur la Révolution. Œuvres complètes. 1. Textes politiques et lettres de prison.* Presentado y anotado por Arno Münster, París, Éd. Galilée, 1977.

[19] Samuel Bernstein, edición original en francés, París, François Maspero, 1970. Existe traducción en español editada por Siglo XXI, *Blanqui y el blanquismo*, Madrid, Biblioteca del Pensamiento Socialista, 1975, 390 pp. Dedica dos páginas y media a *L'éternité par les astres*.

[20] *Ibidem*, p. 251.

[21] M. Dommanget, *Blanqui*, París, Librairie de l'Humanité, 1924. *Blanqui à Belle-Île*, Éd. de la Librairie du Travail, etc. *Blanqui. La guerre de 1870-1871 et la Commune*, París, Ed. Domat. 1947. *Blanqui. Études et documentation internationales*, París, 29, rue Descartes, 1970.

Defensa del Palacio del Eliseo por los insurrectos durante La Comuna (1871).
Grabado

bros que dedica a Blanqui, Alexandre Zévaès,[22] en los suyos, atendiendo la doctrina social del blanquismo, la organización de los comités, las relaciones con la Internacional, manifestaron la porfiada exasperación revolucionaria y el inconformismo ardiente de quien se yergue en héroe intrépido decidido a cambiar el mundo sin desanimarse por los fracasos, las traiciones, los castigos. En la *Histoire des Partis Socialistes en France*, publicada bajo la dirección de Zévaès, es Charles Da Costa, quien participaba en sus reuniones, el autor del volumen dedicado a los blanquistas.[23]

[22] Alexandre Zévaès, *Le socialisme en France depuis 1871*, Bibliothèque Charpentier, París, Eugène Fasquelle Éditeur, 1908. *La chute de Louis-Philippe (24 février 1848)*, Librairie Hachette. *Notes et souvenirs d'un militant*, París, Marcel Rivière & Co., 1913. *Auguste Blanqui, Patriot et socialiste français*, París, Librairie de Sciences Politiques et Sociales, Marcel Rivière et Co., 31, rue Jacob, y 1, rue St. Benoit, 1920.

[23] Charles Da Costa, *Les blanquistes. Histoire des Partis Socialistes en France*, París, Librairie des Sciences Politiques et Sociales, Marcel Rivière et Cie., 1912.

Años después, conocida la tenaz recuperación que acomete Walter Benjamin, algunos pocos ensayos más aludieron a este libro imprevisible.[24] En una carta a Max Horkheimer, Benjamin le contaba: "Durante estas últimas semanas, tuve la suerte de hacer un encuentro raro cuya influencia será determinante para mi trabajo; di por casualidad con uno de los últimos textos de Blanqui escrito en su última prisión, el Fuerte de Taureau. Se trata de una especulación cosmológica. Se denomina *La eternidad a través de los astros* y que yo sepa, hasta ahora no se le ha prestado ninguna atención."[25]

Esas aisladas iniciativas editoriales posteriores se propusieron revisar los escritos de Blanqui rescatándolos de un silencio que parecía prolongar las prohibiciones de la prisión, confirmar la interdicción de quien se debatió, aun desde el encierro, por la emancipación de la clase obrera, por la defensa de una patria que consideraba en peligro, por una comuna en lucha, por asociar los rigores de la ciencia y el conocimiento en una misma concepción del universo, donde los cometas, las nebulosas, las estrellas y las teorías que los describen y analizan responderían a las mismas pasiones, a los mismos dramas que los hombres y a la suerte de sus destinos, duros como las leyes que rigen la gravedad.

Es difícil suponer que, al mismo tiempo que "esta naturaleza de acero" denunciaba y se rebelaba contra el despotismo instruyendo sobre la toma de armas y las formas posibles de una propaganda subterránea, elaborara, a partir del estudio de la naturaleza y comportamiento de los astros, una hipótesis inesperada, una verdadera *abducción*[26] –en todos sus sentidos– una "suposición genial" y también un "secuestro". Adoptando el discurso científico de la época, con el rigor y vigor del saber, Blanqui for-

---

[24] M. Abensour, "W. Benjamin entre mélancolie et révolution. Passages Blanqui"; A. Münster "Le paradigme révolutionnaire français dans les 'Passages parisiens' de Walter Benjamin et dans la pensée d'Ernst Bloch", en Heinz Wismann, *Walter Benjamin et Paris. Études réunies et présentées*, París, Les Éditions du Cerf, 1986.

[25] *Walter Benjamin. Correspondance. 1929-1940* (vol. 2), edición establecida y anotada por Gershom Scholem y Theodor Wiesengrund Adorno, París, Aubier-Montagne, Carta núm. 293, 1979, p. 231.

[26] Uso el término en el sentido que le atribuye Charles Sanders Peirce, fundador de una doctrina de los signos.

mula su hipótesis; una voluntad de ficción, como si se tratara de
una voluntad de verdad, se consolida a medida que la multiplicación tecnológica de copias y la proliferación de satélites con-
firman la imaginación premonitoria de su visión poética. Similar a esas anticipaciones fulgurantes, las abducciones de las que
hablaba Charles Sanders Peirce, su rapto es un *"act of insight"*,
un acto de penetración intelectual y de interioridad inspirada, la
visión interior "que nos sacude como un relámpago", por retomar las palabras del filósofo norteamericano.

Probablemente, durante su estadía en París, el propio Peirce
hubiera oído hablar de Blanqui, de su gesta revolucionaria, de
las actividades de las sociedades secretas, de la peculiaridad de
su hipótesis astronómica, de esa iluminación que fue su cruza-
da poética.

Enviado por la institución "Coast and Geodetic Survey", donde trabajaba además de investigar en el Observatorio de Har-
vard, Peirce había viajado a París en los primeros años del dece-
nio del setenta a fin de actualizar sus estudios cosmográficos,
avanzar en el conocimiento de los sistemas planetarios, de las
teorías sobre los cuerpos celestes, sobre la constitución y estructura del Universo, investigar durante un año en materias teóri-
cas y prácticas relativas a la geodesia, gravimétrica, fotométrica
y observar las oscilaciones del péndulo. Entre los objetivos de la
misión encomendada, era importante para Estados Unidos una
puesta al día de los logros europeos en esos campos. Colega y
amigo de William James, fue éste quien aconsejó a Peirce visitar
a su hermano, Henry James. A pesar de las asperezas de carácter del semiotista ilustre, el novelista se esforzó por introducir-
lo en los clubes literarios donde podría haber frecuentado a
otros escritores, artistas, alternando en los círculos políticos y
poéticos de aquellos años que se concentraban en clubes revolucionarios y sociedades secretas, cabarets y bohemia: *"I did what
I could to give him society"*,[27] le escribía James a su hermano William, refiriéndose a su peculiar compatriota.

Deslumbrante y deslumbrado, Peirce se permitió en París la
vida de un dandy arrogante, a quien su biógrafo[28] insiste en asi-

---

[27] "Hice lo que pude para ubicarlo en sociedad", Joseph Brent, *Charles S. Peirce. A Life*, Bloomington, Indiana University Press, 1993, p. 103. Transcribe una
carta de Henry a William James (14 de marzo de 1876).
[28] *Op. cit.*

milar a Baudelaire. Asiduo a la Sociedad Republicana Central de
Blanqui, Baudelaire fundó allí un diario, *La Salvación Pública
(Le Salut Publique)*, en un período en el que la proliferación de
diarios sólo era superada por la multiplicación de clubes.[29]
Unido a una misteriosa Juliette Pourtalès, cuyas señas de
identidad se pierden en los acontecimientos de la Comuna, en
las sociedades secretas, entre otras Juliette o Julienne, como Ma-
dame Frémeaux, el nombre con que se conocía a Julienne Sébert[30] –la cómplice más próxima de Blanqui–, Peirce no podía
ignorar la fama del mayor conspirador de ese entonces. Sobre
todo quien, en los mismos tiempos de su estadía en París, más
allá de la lógica y sus métodos, hizo de la *hipótesis* una de las figuras básicas de su doctrina de los signos, un procedimiento
mayor al que Peirce teorizaba como más próximo de la creación
que de la razón. Sería inverosímil que ignorara la hipótesis astronómica de Blanqui o sus repercusiones, los juicios y las sen-
tencias, los artículos en los diarios del propio Blanqui y de quienes informaban sobre el gran patriota que pertenecía –según se
estimaba– a la mayor escuela francesa, "la de Enrique IV, de Ri-
chelieu, de la Convención". Por otra parte, los severos ataques de
Peirce a la "fantasía de un universo mecánico, completamente
determinado" que proponía el marqués Pierre-Simon de Laplace, su tendencia a adherirse a formas de conocimiento no racio-
nales, su hipótesis sobre la eficacia de una *hipótesis* semejante a
la "adivinación", asimila aspectos de su doctrina al pensamiento esotérico de Blanqui quien, de vuelta de las certezas positivis-
tas que en algún momento había compartido, establece en este
libro una especie de alegoría mística. Como Blanqui, Peirce ob-
jeta severamente la célebre *Exposición del sistema del mundo
(Exposition du système du monde)* de Laplace. Contra la rigidez
de esa teoría, las fulguraciones cosmogónicas de la fantasía de
Blanqui concederían al estudioso norteamericano, como al célebre prisionero, una especie de acceso a la eternidad: la suspen-
sión del tiempo, la semejanza entre cuerpos en rotación, su per-

---

[29] Claude Pichois y Jean-Paul Avice, *Baudelaire - Paris*. Prefacio de Yves Bon-
nefoy, Éd. Paris-Musées, Quai Voltaire, Exposición de la "Bibliothèque historique de la Ville de Paris", 16/11/93-15/2/94.

[30] Según S. Bernstein, Julienne Sébert es el seudónimo de Mme. Frémeaux en
cuya casa se realizaban las reuniones de la sociedad que, en tiempos de Luis Napoleón, se conocía como la "Sociedad de los Cocodrilos".

manencia, la fatalidad de un retorno mítico, las reapariciones o "reediciones" que regresan una y otra vez replicando la monotonía de billones de tierras parecidas, la inútil ilusión de cualquier novedad, los accidentes efímeros que se abisman en el infinito y los empeños por una conservación que adelantan el pensamiento de los siglos xx o xxi y el afán por solucionarlos tecnológicamente.

Es extraña esta opción por una eternidad actualizada en quien quiso cambiar la historia, en quien estampó su grito *"Ni Dios ni Amo"* (*Ni Dieu ni Maître*)[31] como el negativo título de un diario y una consigna que marcó una época entre varias negaciones más. Se ha dicho que ese título devino una hermosa divisa del porvenir y que no hubo ninguna otra que haya tenido tanta repercusión. También su estampa dio lugar a descripciones entusiastas aun por parte de quienes no compartían su perspectiva:

Su aspecto era distinguido, su vestimenta irreprochable, la fisonomía delicada, fina y calma, con un aire hosco y siniestro que algunas veces atravesaba sus ojos estrechos, pequeños, agudos y, en su mirada habitual, más bien bondadosos que duros; la palabra moderada, familiar y precisa, la palabra menos declamatoria que he oído junto a la de Thiers. En cuanto al fondo del discurso, casi todo era justo. Yo tenía como vecino, en el Club des Halles, a un joven redactor del *Journal des Débats*, muy conservador como tengo el honor de serlo yo mismo, que entonces debutaba y que se destacaba por la prudencia y la madurez de su espíritu. Cuántas veces le oí suspirar en ocasión de la exposición cotidiana que hacía Blanqui acerca de los acontecimientos del sitio, los errores del gobierno, las necesidades de la situación: "¡Pero todo eso es verdad! ¡Pero tiene razón! ¡Pero qué lástima que sea Blanqui!" Yo pensaba como él, lo decía como él, pero no suspiraba. La verdad es buena venga del lado que venga.[32]

Probablemente, fue durante los enfrentamientos de la Comuna cuando Blanqui escribió *La eternidad a través de los astros*, aunque ya había manifestado su pasión por la astronomía durante su detención en Belle-Île donde llegó a esbozar una hipótesis del universo. No pudo haber transcurrido demasiado tiem-

---

[31] L.-A. Blanqui, *Ni Dieu ni Maître! Les plus pensées athéistes et anticlericales d'Auguste Blanqui. 1880-1881*, recopilación de M. Dommanget, Herblay (Seine-et-Oise), Édition de l'Idée Libre.
[32] Jean-Jacques Weiss, *Paris-Journal*, París, 18 de febrero de 1872.

po entre la composición de este texto enigmático y los escritos que acumulaba "día a día", sin reprimir su alarma, frente a *La patria en peligro (La patrie en danger)*[33] y que fueron publicados póstumamente en un libro[34] presentado por Casimir Bouis, quien también escribió el epílogo, en pleno fragor de las luchas. Nuevamente sorprende que en el prefacio que escribiera, se refiera a Blanqui en los siguientes términos:

Blanqui es un sabio. Matemático, lingüista, geógrafo, economista, historiador, en su cerebro hay toda una enciclopedia, tanto más seria cuanto tuvo la ocurrencia de omitir todas sus futilidades, todos esos oropeles pasados de moda con que los eruditos de ocasión deslumbran al auditorio, y que no sirven sino para cargar y abrumar la memoria. [...]

Sus enemigos saben mejor que nadie que es el estadista más completo que posee la Revolución, y Proudhon, que lo conocía, acostumbraba a decir que era el único.

Eso en cuanto al político.
El hombre privado es tal vez más extraordinario.

Más allá de los elogios que abundan en las páginas del prefacio, interesa subrayar la observación acerca de la devoción prestada por Blanqui a los "principios eternos" y la importancia que le asigna a la variedad y vastedad de sus conocimientos, sin pasar por alto la aguda capacidad que le atribuye de anticipar los acontecimientos. En esa introducción de *La patria en peligro*, Casimir Bouis impugna las simplificaciones del estereotipo que redujo a Blanqui a la estampa fija de un rebelde indomable: "¡Es un error...! Antes que nada se trata de un hombre de estudio, un pensador..., sólo que el pensador se desdobla en un héroe." Desde los artículos de ese diario, que Blanqui suele culminar con una frase sentenciosa y poética, similar a las tajantes salidas de Lautréamont o de Laforgue, Blanqui acusa a "la prensa podrida", inventa el neologismo "literatontos" para designar a tantos periodistas ineptos, como si previera la indiferente atención que,

[33] L.-A. Blanqui, *La patrie en danger*, A. Chevalier, prefacio de Casimir Bouis, París, 1871.
[34] *Ibidem.*

BLANQUI

LA PATRIE

EN DANGER

PARIS

A. CHEVALIER, LIBRAIRE-ÉDITEUR

61, RUE DE RENNES, 61

1871

Tous droits réservés.

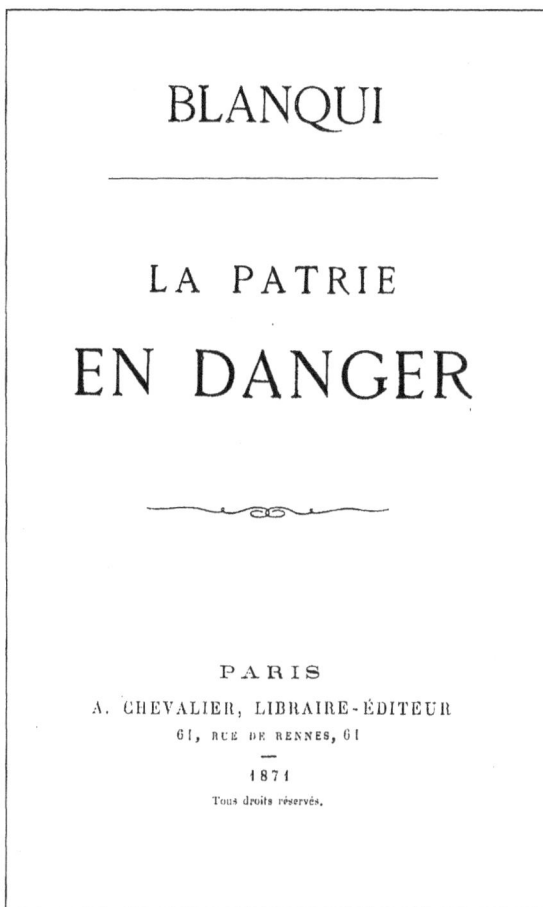

Portada de *La patrie en danger*, edición de A. Chevallier, París, 1871.

en los diarios, la crítica literaria dispensará a este combatiente que no fue el único "irregular del socialismo".[35]

En realidad, no se conocía el manuscrito de *La eternidad a través de los astros* sino a partir de las lecturas de Geffroy, quien empieza lapidariamente un capítulo sobre su reclusión en el Fuerte de Taureau en los siguientes términos: "Lo que ocurrió a

[35] Es A. Zévaès quien le asigna este calificativo a Jules Vallès.

continuación dejará estupefacto al porvenir."[36] Ansioso, con la esperanza de que la publicación de su manuscrito pudiera influir favorablemente en la revisión del proceso al que nuevamente se le sometería o del pronunciamiento de la sentencia, Blanqui urge a Mme. Antoine, una de las más abnegadas de sus hermanas, para que no demorara en llevar sus escritos al editor Germer Baillière: "Puede ser que diga que no es su especialización. Dile que sí, ¡por el aspecto metafísico de la astronomía! ¡Pertenece totalmente a su especialización. Será necesario advertirle que es completamente ajeno a lo político y muy moderado en todo!"[37]

Pero, como no era seguro que el editor aceptara la publicación de su *Hipótesis astronómica*, Blanqui ya habría sugerido confiarla a Maurice Lachâtre, antiguo miembro de la Comuna, editor de las obras de Karl Marx y también de las interminables narraciones que Eugène Sue extendía en voluminosos libros. Cuando se produjo la muerte de Blanqui, precisamente fue Lachâtre quien no evitó cruzar el espacio literario con el espacio histórico-político en su homenaje, testimonio del que dejó constancia al final de una novela genealógica de E. Sue, publicada en diez volúmenes,[38] menos a manera de epílogo que de manifestación inquietantemente acongojada. Agrega allí, además, una breve crónica de su entierro:

¡Qué pena! ahora, cuando acabamos de publicar la historia de dos familias de transportados –5 de enero de 1881– le rendimos los últimos deberes a uno de los mártires de la democracia, el íntegro y valiente A. Blanqui, que pasó cerca de cuarenta años en los calabozos de la monarquía, bajo Luis Felipe I y bajo Napoleón III.

Cien mil personas, hombres y mujeres, acompañaron los despojos mortales del gran patriota a su última morada. [...]

Todos estos ciudadanos venían de rendir su homenaje a quien mereció que se le nombrara el Cristo del siglo XIX.

[36] G. Geffroy (vol. 1), *op. cit.*, "Notations sur ces cahiers datées le 25 juin 1857", p. 232.

[37] Se trata de una carta citada por M. Abensour y V. Pelosse en el prólogo de *Instructions pour une prise d'armes* que precede a su reedición de *L'éternité par les astres, op. cit.*

[38] Eugène Sue, *Les mystères du peuple ou l'histoire d'une famille de prolétaires à travers les âges*, París, 1879.

Que el nombre de Blanqui permanezca glorificado entre las generaciones por su coraje indomable, su amor por el pueblo y sus virtudes cívicas.

Pero, en ningún momento, Lachâtre mencionó *La eternidad a través de los astros* que él mismo, como editor, bien pudo haber publicado. Según observaba Walter Benjamin del libro, "al leer las primeras páginas [...] parece insípido y banal"; sin embargo, no deja de comentarlo, de citarlo, de transcribir largos pasajes, de cuyas ocurrentes ficciones ya no pudo apartarse y a partir de las cuales se precipitan sus reflexiones sobre la imposibilidad del progreso, la inevitabilidad de las copias, los sosias, las repeticiones, las citas, el eterno retorno. Benjamin repara que es en esa ficción donde más insiste Blanqui sobre la multiplicación de los dobles, sobre las monotonías de una historia que, irrepetible –debido a la fugacidad del tiempo– se repite, sin embargo, debido a la permanencia del espacio, en tierras sosias, planetas iguales y planos distintos. Blanqui anticipa la profusión de copias dispersas en el espacio, el desaliento de un hastío que, sin desesperación, se prolonga hacia otros medios, las alternativas excluyentes ante bifurcaciones ineludibles: "¿Qué hombre no se encuentra a veces en presencia de dos posibilidades?" se pregunta, convencido, sin amargura, de que "Se tome al azar o se elija, no importa, nadie escapa a la fatalidad".

La anticipación poética de Blanqui no opone los conflictos de la materia y del cosmos a los acontecimientos del siglo XIX ni a las desventuras en un planeta que no se diferencia de las variaciones más o menos desdichadas que repiten los millares de planetas semejantes. Ese mismo estatuto raro de *La eternidad a través de los astros*, que concilia formas de escritura heterogéneas, científicas, filosóficas, míticas, poéticas, habilita la vigencia actual de una imaginación reflexiva que conforma el carácter de la estética en un siglo XX que ya se prolonga en otro.

Blanqui imagina la multiplicación al infinito de mundos paralelos, los emplazamientos en el espacio de una eternidad puesta a prueba por la historia y, quizá, gracias a la repetición melancólica de los acontecimientos, cierta esperanza en un retorno fantasmal: "El universo se repite sin fin y piafa en el mismo lugar. La eternidad interpreta imperturbablemente, en el infinito, las mismas representaciones." De ahí que un instante se confunda con la eternidad; ambas instancias derogan el tiempo o lo dejan en suspenso, suspendido, ahora, se mantiene, *maintenant*, apenas un instante, inventando, paradójicamente, la actualidad de una *eternidad presente* siempre en fuga.

Mucho más paradójica, la coincidencia de que, en esos mismos años, a mediados de la década del treinta, cuando Walter Benjamin, fascinado por las audacias de una escritura que concilia resignación y rebeldía, dedica su mayor tiempo y atención a la obra de Blanqui, otros escritores, Jorge Luis Borges y Adolfo Bioy Casares, más allá del océano, en tierras distantes y medios distintos, en el otro extremo del espectro social y político, frecuentan la misma lectura experimentando la lucidez de una fascinación semejante.

Blanqui, Borges, Bioy: Las divergencias biográficas e ideológicas podrían parecer, en una primera impresión, aproximaciones forzadas, casi desaforadas. ¿Cabe reunir a los tres? "Bello como..." diría Lautréamont, seducido por la inesperada disparidad de un conjunto de objetos de coexistencia inusual. No puede dejar de sorprender esta alianza imprevisible entre escritores de siglos diferentes, oriundos de diversas civilizaciones, escasamente militantes unos en políticas revolucionarias, responsables –como si se dijera "culpables"– de una imaginación lúdica que se deleita en los refinamientos de su juego intelectual y sus gestos de creación en libertad, con uno de los conspiradores más violentos de un siglo que supo prodigarlos.

Borges y Bioy definen su escritura intelectual, poética, narrativa, el tono y trama de sus parodias, las ficciones y especulaciones donde se entrecruzan aventuras en un vertiginoso espacio que se repite en espacios similares, en tiempos circulares y regresivos, las especulaciones ante la duplicación o desdoblamiento de los acontecimientos y sus imágenes, la bifurcación de universos paralelos que se reproducen en los senderos de jardines o en los anaqueles de bibliotecas, entre originales y copias que los libros no distinguen, dentro de esa misma estética fantasmagórica donde merma la escasa realidad de una realidad disminuida especiosamente por sus simulacros. Los cuentos, poemas y ensayos más conocidos de Borges, los extraordinarios cuentos largos de Bioy Casares, sus *nouvelles*, hacen de la obra de Blanqui una asiduidad fecunda y feliz.

Como Borges, como Laforgue, como tantos otros poetas, "Blanqui que nunca fue sino Blanqui", un hombre de acción y de coraje, cita, sin embargo, el Fragmento número 72 de Pascal al comenzar *La eternidad*: "El universo es un círculo cuyo centro está en todas partes y la circunferencia en ninguna." Se podría suponer que, en este caso, como ocurre con las citas, se comprueba la tendencia a volverlas a citar una vez más. Borges cita esa afirmación de Pascal más de una vez, remitiéndola a los antecedentes remotos donde su concepción esférica se identifica con la perfección divina.

Tal vez habría que hacer el inventario de los cuentos y novelas en los que este excéntrico libro de Blanqui, la fascinación de sus fantasmagorías espectaculares, el tono escéptico de una ironía más difusa que brillante, modula las ocurrencias fantásticas de Borges y Bioy Casares o de los autores heterónimos con que ambos, como un solo hombre, cruzan a sus antepasados. Por ejemplo, el libro *Seis problemas para don Isidro Parodi*[39] de H. Bustos Domecq narra la historia de un detective que resuelve los enigmas policiales desde la prisión, quien tuvo "el honor de ser el primer detective encarcelado", "algunos afirmaban que era ácrata, queriendo decir que era espiritista". Textos muy posteriores de ambos autores continúan esa misma especie irónica de la escritura de Blanqui, donde las trampas de la inserción mediática, su intermediación e intercepción, los pliegues y duplicados de mundos paralelos, más o menos pequeños, ocultan y *revelan* –velan dos veces– en lugar de descubrir.

Interesaría apreciar sólo algunas huellas del "efecto Blanqui" en cuentos de Borges, sus poemas y sus ensayos, esas obras de la imaginación razonada que Borges considera rarísimas en español. En "Tlön, Uqbar, Orbis Tertius" (Salto Oriental, Uruguay, 1940),[40] hace de esa pluralidad de mundos, del deslizamiento y penetración de uno en otro, de las copias ubicuas, de una contradictoria combinación original, su suspenso y sustancia: "Las cosas se duplican en Tlön". En una de las magistrales narraciones del propio Bioy, *La invención de Morel*, esa novela que Borges no duda en calificar de perfecta, coincide el narrador en hacer de la pluralidad de mundos, del deslizamiento y penetración

---

[39] Honorio Bustos Domecq, *Seis problemas para don Isidro Parodi*, Buenos Aires, Sur, 1942.

[40] Jorge Luis Borges, "Tlön, Uqbar, Orbis Tertius", *Ficciones*, Buenos Aires, 1940.

de uno en otro, de las copias ubicuas, de las contradicciones de esa combinación original, también su suspenso y sustancia: "No eran dos ejemplares del mismo libro, sino dos veces el mismo ejemplar", dice el narrador de *La invención*, como solía decir, en términos aproximados, el narrador de *La eternidad* con respecto a los planetas, a los astros, a los hombres y sus peripecias. Borges cita a Blanqui en el muy conocido prólogo de la novela: "Básteme declarar que Bioy renueva literariamente un concepto que San Agustín y Orígenes refutaron, que Louis-Auguste Blanqui razonó y que dijo con música memorable Dante Gabriel Rossetti."[41]

Abundan otras marcas más o menos nítidas, desde la explícita invocación del nombre de Blanqui y su pensamiento, hasta el desconcierto que suscita en los lectores de Borges el diálogo final de "La muerte y la brújula": "–Para la otra vez que lo mate –replica Scharlach– le prometo ese laberinto que consta de una sola línea recta y que es invisible, incesante." Dadas las ambigüedades propias de la literatura, el misterio de la promesa de otra muerte anunciada debería permanecer sin explicación. Sin embargo, aun observando ese misterio, no puede desecharse, a la luz de los mundos alternativos que habilita Blanqui, una opción que hace de la libertad un destino. En "El milagro secreto", en "La Biblioteca de Babel", "La otra muerte", "Los teólogos", "Tres versiones de Judas", en tantos otros textos, se proyectan sobre la obra de Borges la sombra de Blanqui y de sus mundos paralelos. En otro de sus cuentos, en "El jardín de senderos que se bifurcan", dice el narrador:

Creía en infinitas series de tiempos, en una red creciente y vertiginosa de tiempos divergentes, convergentes y paralelos. Esa trama de tiempos que se aproximan, se bifurcan, se cortan o que solamente se ignoran, abarca *todas* las posibilidades. No existimos en la mayoría de esos tiempos; en algunos existe usted y no yo; en otros, yo, no usted; en otros, los dos. En éste, que un favorable azar me depara, usted ha llegado a mi casa; en otro, usted, al atravesar el jardín, me ha encontrado muerto; en otro, yo digo estas mismas palabras, pero soy un error, un fantasma.[42]

[41] J.L. Borges, Prólogo, en Adolfo Bioy Casares, *La invención de Morel*, Buenos Aires, 1940.

[42] J.L. Borges, "El jardín de senderos que se bifurcan", Buenos Aires, 1941.

El narrador replica, en sus propios términos, las reflexiones que elabora Blanqui en *La eternidad a través de los astros*:

Tales como los ejemplares de mundos pasados, tales los de los mundos futuros. Sólo el capítulo de las bifurcaciones queda abierto a la esperanza. No nos olvidemos que *todo lo que se habría podido ser aquí abajo, se es en alguna otra parte.*[43]

El imaginario de Blanqui es constante también en la obra de Bioy Casares: *La invención de Morel* (1940), "El perjurio de la nieve" (1945), *Plan de evasión* (1945), "La trama celeste" (1948), "El lado de la sombra" (1962). La presencia de Blanqui, de *La eternidad a través de los astros*, es más que explícita, sospechosamente precisa y hasta obsesivamente redundante en "La trama celeste" de Bioy Casares donde es "la razón de ser del cuento":

El "misterio" de la carta me incitó a leer las obras de Blanqui. Por de pronto comprobé que figuraba en la enciclopedia y que había escrito sobre temas políticos. Esto me complació, en mi plan, inmediatas a las ciencias ocultas, vienen la política y la sociología.

Una madrugada, en la calle Corrientes, en una librería atendida por un viejo borroso, encontré un polvoriento atado de libros encuadernados en cuero pardo, con títulos y filetes dorados; las obras completas de Blanqui. Las compré por quince pesos.

En la página 281 de mi edición no hay ninguna poesía. Aunque no he leído íntegramente la obra, creo que el escrito indicado es *L'éternité par les astres*, un poema en prosa. En mi edición comienza en la página 307, del segundo tomo. En ese poema o ensayo, encontré la explicación de la aventura de Morris.

Y sigue mencionando, comentando su texto, transcribiéndolo, como procurando asir si no comprender, por repetición, un más allá que identifica con la muerte, el prodigio, la disposición o aproximación a lo fantástico: "Me pregunto si yo compré las obras de Blanqui porque estaban citadas en la carta que mostró Morris o porque las historias de estos dos mundos son paralelas"; más adelante dice "le recomendó la lectura de *L'eternité par les astres*"; prosigue: "Alegar a Blanqui, para encarecer la teoría

---

[43] L.-A. Blanqui, *La eternidad a través...*, *op. cit.*

de la pluralidad de los mundos, fue un mérito de [...]" donde el
narrador transcribe, con algunas variaciones, el mismo texto al
que alude Borges y que también transcribe Walter Benjamin:

Tomé el libro de Blanqui, me lo puse debajo del brazo y salí a la calle.
Me senté en un banco del parque Pereyra. Una vez más leí este párrafo:
"Habrá infinitos mundos idénticos, infinitos mundos ligeramente variados, infinitos mundos diferentes. Lo que ahora escribo en este fuerte
del Toro, lo he escrito y lo escribiré durante la eternidad, en una mesa,
en un papel, en un calabozo eternamente parecidos. En infinitos mundos mi situación será la misma, pero tal vez haya variaciones en la causa de mi encierro o en la elocuencia o el tono de mis páginas."

Contra la singularidad perdida de la obra original, derogada por
los ejemplares en tiradas, la pluralidad de copias y su disemina-
ción, la estratificación de lecturas comunes, las ambivalencias de
la palabra, la mecánica de la multiplicación habilita los encuentros
y las numerosas interpretaciones. Esas coincidencias enfrentan
universos que presumen de su estatuto de realidad o de imaginación, reaniman el conflicto de la verdad y la versión, de la fugacidad conocida, inevitable, expuesta a la eternidad desconocida, de-
seada, dicha: "La Poesía es lo más real que existe, es aquello que
sólo es completamente verdadero en *otro mundo*",[44] desplazando
la historia hacia "la verdadera vida, [...] la única vida realmente vi-
vida, [es] la literatura; esa vida que, en un sentido, habita cada instante en todos los hombres tanto como en el artista".[45]

Apostando a otros mundos, Blanqui juega en éste menos lúdi-
co, más refractario, donde observa que las endebleces del partido
revolucionario sólo suscitan "el desaliento, la indiferencia, la ab-
dicación". En *La eternidad a través de los astros* no da tregua a su
impaciencia y decreta: "*O* la resurrección de las estrellas *o* la
muerte universal... *Es la tercera vez que lo repito.*" Impresiona ese
tono de informalidad trascendente, de irónica trivialidad "a la Laforgue", de fatalidad burlona, el tono que marcó definitivamente
la escritura de Bioy Casares. Como Blanqui, Bioy se aproxima al

---

[44] Charles Baudelaire, *Œuvres Complètes*, vol. 2. Texto establecido, presentado y anotado por Claude Pichois, París, La Pléiade, 1976. "Puisque réalisme il y
a", en *Critique littéraire*, p. 59.

[45] Marcel Proust, *À la recherche du temps perdu*, París, Gallimard, Bibliothèque de la Pléiade, vol. 3, 1980, p. 895.

misterio del espacio infinito con la misma naturalidad con que recorrería a diario la calle Posadas, como si le diera igual el cosmos y sus secretos que las distracciones domésticas y mundanas. El narrador se desespera o se consuela ante la certeza de la fugacidad de tiempos que terminan por volver o no terminar. En sus ficciones, en "La trama celeste" sobre todo, Bioy cita extensa, literalmente, a Blanqui; uno de sus personajes se denomina Morris, como en otras narraciones suyas se denominan Moreau o Morel, *more and more*. Borges invoca a Blanqui con frecuencia y encomio. Entre otras numerosas menciones:

Un principio algebraico lo justifica: la observación de que un número *n* de objetos –átomos en la hipótesis de Le Bon, fuerzas en la de Nietzsche, cuerpos simples en la del comunista Blanqui– es incapaz de un número infinito de variaciones. De las tres doctrinas que he enumerado, la mejor razonada y la más compleja, es la de Blanqui. Éste, como Demócrito (Cicerón, *Cuestiones académicas*, libro segundo, p. 40), abarrota de mundos facsimilares y de mundos disímiles no sólo el tiempo sino el interminable espacio también. Su libro hermosamente se titula *L'éternité par les astres*; es de 1872.[46]

A propósito de lo que Borges denomina "cierta fantasía de Laplace", vuelve a mencionarlo, aunque tratándose de Blanqui, las repeticiones no deberían sorprender:

En aquel capítulo de su *Lógica* que trata de la ley de causalidad, John Stuart Mill razona que el estado del universo en cualquier instante es una consecuencia de su estado en el instante previo y que a una inteligencia infinita le bastaría el conocimiento perfecto de un *solo instante* para saber la historia del universo, pasada y venidera. (También razona –¡oh Louis-Auguste Blanqui, oh Nietzsche, oh Pitágoras!– que la repetición de cualquier estado comportaría la repetición de todos los otros y haría de la historia universal una serie cíclica.)[47]

Convencidos del acierto de búsquedas tan enigmáticas como metódicas, Blanqui aparece una y otra vez, entre libros y estrellas, alternando con la multitud ingrávida de sus sosias, esos se-

---

[46] J.L. Borges, "El tiempo circular", *Historia de la eternidad*, Buenos Aires, 1936.
[47] J.L. Borges, "La creación y P.H.Gosse", *Otras inquisiciones*, Buenos Aires, 1952.

mejantes que existen en infinito número de ejemplares, con y sin cambios, optimistas melancólicos, creen en sus astros que se multiplican bifurcándose en perpetuidad. A Bioy, a Blanqui, a Benjamin, a Borges o a sus personajes, los seduce la hipótesis de una salida plural por la proliferación de tiempos que cifran en el espacio su esperanza. Del artículo que Borges había dedicado en *Sur* a Blanqui, transcribo unas líneas que guardan coincidencias con las citas mencionadas anteriormente y con otras referencias a Blanqui que figuran en la misma revista:

Blanqui abarrota de infinitas repeticiones, no sólo el tiempo, sino también el espacio infinito. Imagina que hay en el universo un número infinito de facsímiles del planeta y de todas sus variantes posibles. Cada individuo existe igualmente en infinito número de ejemplares, con y sin variaciones.[48]

Habría que recordar uno de los primeros libros de Borges, sometido por él mismo a la más severa censura hasta el fin de sus días, pero reeditado póstumamente, *El tamaño de mi esperanza*,[49] un libro que replica desde el título *El tamaño del espacio* (1921), el pequeño volumen que Leopoldo Lugones había escrito unos años antes sobre cuestiones matemáticas y que pocas veces se considera. Borges encuentra en los escritos de Blanqui el contrafuerte de una visión estética que va más allá de las disquisiciones matemáticas o de las injusticias políticas o policiales, comprometiendo, literariamente, una especie de eternidad *sub specie* de espacio: "el universo bruscamente usurpó las dimensiones ilimitadas de la esperanza", dice Borges al finalizar "La biblioteca de Babel".

Tal vez desde el principio, Blanqui haya previsto estos desbordes extraterritoriales y extratemporales:

El infinito sólo se nos puede presentar bajo el aspecto de lo *indefinido*. Uno conduce al otro por la manifiesta imposibilidad de encontrar, o aun de concebir, una limitación para el espacio. Es cierto, el universo infinito es incomprensible, pero el universo limitado es absurdo. Esta

---

[48] J.L. Borges, *Sur*, Buenos Aires, año X, núm. 65, febrero de 1942, en *Borges en Sur. 1931-1980*, Buenos Aires, Emecé, 1999.
[49] Proa, Buenos Aires, 1926.

Retrato de Blanqui dibujado por Charles Baudelaire (foto-copiado de Philippe Soupault, *Baudelaire*, París, Éd. Rieder, 1938.

certeza absoluta de la infinitud del mundo, junto a su incomprensibili-dad, constituye una de las más crispantes irritaciones que atormentan el espíritu humano. Existen, sin duda, en alguna parte, en los globos errantes, cerebros suficientemente vigorosos como para comprender el enigma, impenetrable al nuestro. Es necesario que nuestros celos ha-gan su duelo.[50]

A través de las épocas y sus utopías periódicas, los espectros de Blanqui, como sus famosos sosias, fantasmas de eterno retorno, acosan el imaginario de estos autores y de esta época. Como si también ellos hubieran participado en las agitadas sesiones de la Sociedad Republicana Central, más conocida como "club Blan-qui", la sociedad a la que Charles Baudelaire asistía con frecuen-

[50] L.-A. Blanqui, "L'Univers- L'Infini", primer capítulo de *L'éternité...*, *op. cit.*

cia y en cuyo recuerdo y de memoria, traza su retrato. Además de las afinidades políticas, fueron estrechas las conexiones entre el poeta y el instigador de las barricadas: comparten la obsesión de la ciudad, la aflicción ante las demoliciones, los alborotos en sus calles transitadas, la curiosidad indolente del *flâneur* y sus hastíos, la impotente desesperación ante las tempestades que llaman progreso, la angustia del infinito, la fragmentación del individuo que se pierde en la muchedumbre, la necesidad de huir hacia otros espacios, lejos de la Tierra: "¡No importa dónde! ¡No importa dónde! ¡Con tal de que sea fuera de este mundo!"

Formulada como una "hipótesis astronómica" en un siglo que no las escatimó, Blanqui se debate en este libro en contra de la historia pero apoyado contra la eternidad, una aspiración cósmica que acecha a otros poetas de su tiempo: la desalentadora "eternulidad" (*éternullité*) que reinventa Jules Laforgue, la vasta claridad y la pérdida de aureola de Baudelaire; los encuentros de Arthur Rimbaud en una eternidad fortuita:

> Fue reencontrada.
> ¿Qué? –La Eternidad.[51]

Para tiempos tan largos, sus versos son breves. Rimbaud recupera la eternidad como más tarde Marcel Proust recupera el tiempo y los principios de su estética que tampoco prescinden de especulaciones cosmogónicas similares:

Sólo por el arte podemos salir de nosotros, saber qué ve otro de este universo que no es el mismo que el nuestro y cuyos paisajes nos permanecerían tan desconocidos como los de la luna. Gracias al arte, en lugar de ver sólo un mundo, el nuestro, lo vemos multiplicado, y en tanto haya artesanos originales, tantos mundos tendremos a nuestra disposición, más diferentes entre sí que aquellos que ruedan en el infinito.[52]

Mundos semejantes a las constelaciones vertiginosas de Mallarmé en las que el sentido del verso, de todo el poema, se dobla al retornar el azar al principio, al darse vuelta el destino como un vaso en un lance de dados, obedeciendo a una de las

---

[51] Arthur Rimbaud, "Éternité", mayo de 1872.
[52] M. Proust, *op. cit.*, pp. 895-896.

"oscuras invitaciones de la casualidad". Una página en blanco se pliega sobre sí misma reflejando las inscripciones del cielo estrellado. "Pero –dice Blanqui– como dice mi carcelero: A usted le está prohibido mirar el mar." No es ésa la única prohibición: no mirar hacia las murallas, no mirar hacia el patio, no mirar por la ventana, no mirar el mar, no mirar; sin embargo, esas prohibiciones demasiado severas no le impiden a Blanqui avizorar otros mundos, ver más lejos, más allá. Cuando Jules Michelet se encuentra con Blanqui y lo felicita al verlo en libertad, su alegría se convierte en perplejidad: este luchador infatigable le confiesa que nunca se sentía más dueño de sí que en la soledad de su celda y nunca más desamparado que al estar fuera.[53]

De manera que no debe atribuirse sólo a las tribulaciones de una biografía desgraciada, a los acontecimientos dolorosos de la Comuna, a las traiciones de quienes debieron haberlo apoyado, a la desesperanza de sus sucesivos cautiverios, el origen de su interés poético por las estrellas. Recluido en la estrechez de su celda, ni el encierro ni las prohibiciones disminuyen su pasión por la astronomía, su observación minuciosa y sistemática de las constelaciones, la avidez con que exploraba los enigmas de un universo al que, paradójicamente, se aproximaba más cuanto menos se movía. Desde la doble interioridad de su reclusión, a partir de una hipótesis poética, una pura conjetura, Blanqui revela una revolución distinta, una revuelta que imprime un retorno diferente. Volviendo de otros espacios, descubre y describe el movimiento que define la trayectoria de los astros legitimando réplicas –otra repetición– de acontecimientos que remiten al principio, innumerables fantasmas superpueblan de copias otras estrellas y planetas, calcos que se desconocen entre sí, dando lugar a una regresión infinita, una monotonía de repeticiones que alteran la eternidad en historia.

Leyendo a estos autores, la situación o la reflexión se vuelve doblemente paradójica: en lugar del *flâneur* que vaga sin rumbo en las calles de París, es Blanqui quien, como uno de sus sosias, vuelve una y otra vez al encuentro de escritores y poetas; la figura obsesiva de un preso, un detenido, discurre en medio

---

[53] M. Dommanget, "La vie de Blanqui sous le Second Empire", en *L'Actualité de l'Histoire*, núm. 30, París, enero-marzo de 1960.

de las conmociones, semejante al paseante que no deja rastros en la muchedumbre. Fascinado por los *pasajes* y la visión de un espacio en movimiento, de una arquitectura que los multiplica, Blanqui los recorre con su pensamiento sin salir del recinto, sin abandonar la intimidad de la celda o la interioridad de su cerebro, dilucidándolo con las luces del firmamento que no ve pero conoce. Baudelaire frecuentaba el club Blanqui, ya se dijo. También, según afirma Philippe Soupault, Baudelaire lo conocía y admiraba tanto que encontró entre los dibujos donde solía fijar estampas de su entorno, el retrato de Blanqui que dice –escribe– haber trazado de memoria. Según Benjamin, Baudelaire alude a Blanqui en varios poemas; no duda en entrever su figura en el último poema del ciclo titulado "Revuelta":

Oh príncipe del exilio, a quien se le hizo daño,
Y que, vencido, te yergues siempre más fuerte.

Tú que del proscrito tienes ese mirar alto y calmo
Que condena a todo un pueblo alrededor del cadalso.[54]

Tampoco es difícil presumir que la modernidad habría empezado con Blanqui, aunque haya sido Baudelaire quien la aborda y nombra.[55] Son suyos el desaliento a causa de la inutilidad absurda del progreso, el vértigo de la gran ciudad, la mitología de la muchedumbre en marcha, los fantasmas de lo moderno y lo demoniaco que acosaban a Baudelaire y a Edgar Allan Poe. La gran ciudad avanza: el objetivo que no logró Blanqui con las barricadas lo logró Haussmann con las demoliciones que llevó a cabo para evitarlas. Uno ha trastornado (*bouleversé*) el universo, el otro ha bulevardizado la ciudad. De la misma manera, "los parisienses que transforman la calle en interior",[56] empiezan a abrir entre las

[54] Ch. Baudelaire, "Les litanies de Satan": *O prince de l'exil, à qui l'on a fait tort, / Et qui, vaincu, toujours te redresses plus fort. // Toi qui fais au proscrit ce regard calme et haut / Qui damne tout un peuple autour d'un échafaud.*
[55] "Modernité"- *Dictionnaire historique de la langue française*: el término se registra por primera vez en Balzac (1823) para designar aquello que es moderno en literatura y en arte, anunciando el culto estético de esta noción. La fortuna del término existe a partir de Baudelaire: "La modernidad" en "Pintor de la vida moderna", *Crítica de arte* y las resonancias que interpreta W. Benjamin.
[56] W. Benjamin, *Paris, capitale du XIXe siècle. Le livre de passages, op. cit.*, p. 440.

casas las numerosas galerías que han alterado la fisonomía de la ciudad: "[...] de una manera perturbadora, se las designa *pasajes*, como si en estos corredores arrancados al día, no le fuera permitido a nadie detenerse más que un instante".[57] En esas zonas de ambivalencia que atraviesan cuadras y casas, prolongando el umbral hasta un fondo que termina en otra entrada, las fronteras quedan sin definir: ni calle ni casa, ni exterior ni interior, ni luz ni sombra, un resplandor crepusculento (*crepusculâtre*),[58] de jurisdicción y justificación dudosas, "santuarios de un culto de lo efímero, se han vuelto el pasaje fantomático de los placeres y profesiones malditas, ayer incomprensibles y que el mañana no conocerá".[59]

Después de leer a Louis Aragon, Benjamin creería que el surrealismo nació en un pasaje: "El padre del surrealismo fue Dada. Su madre fue una galería llamada 'pasaje'",[60] una comadrona consagró el "pequeño mundo"– "en el grande, en el cosmos, todo se presenta de la misma manera".[61] Para Benjamin, es el París de los surrealistas, el marco literario y político donde *Los cantos de Maldoror*, el libro de Lautréamont, se inscribe en la tradición de la insurrección literaria. Al recordar el fervor revolucionario de Lautréamont, Benjamin hace referencia a algunos de los grandes anarquistas que actuaron sin llegar a comunicarse entre sí, entre 1865 y 1875, intentando penetrar el orden cotidiano de la ciudad, derrocar lo establecido con sus máquinas infernales. Habla de las energías revolucionarias, del crecimiento de las sociedades secretas y de la amarga revuelta contra el catolicismo, contra la tradición. Si bien no menciona a Blanqui, su nombre se lee en filigrana. Más todavía, a pesar de que sabe que se trata de una confusión, Walter Benjamin reconoce como inteligente y perspicaz la estratagema de Philippe Soupault, quien en su edición de las *Obras completas de Lautréamont* (París, 1927), presenta como militancia la insurrección del poeta, la vida de Ducasse como una *vita politica*.

En cambio, André Breton, Louis Aragon, Paul Éluard se in-

[57] Louis Aragon, *Le paysan de Paris*, París, 1926.
[58] El neologismo es de Jules Laforgue.
[59] L. Aragon, *ibidem*.
[60] W. Benjamin, *Paris, capitale du XIXe siècle, op. cit.*
[61] W. Benjamin, "Le surréalisme", en *Mythe et violence*, París, Denoël, 1971, p. 304.

dignan contra la "mistificación" de Philippe Soupault. En "Lautréamont hacia y contra todo"[62] le reprochan la impostura de haber hecho pasar por auténtica la pura fantasía de Félix Valloton, autor del controvertido retrato de Lautréamont[63] aparecido en *El libro de máscaras (Le livre des masques)* de Remy de Gourmont, por empecinarse en el género "Obras completas" y, sobre todo, por validar abusivamente el error de Robert Desnos quien identificaba a Isidore Ducasse con el revolucionario que exhibe su elocuencia en el libro *El insurrecto*[64] de J. Vallès. Son varias las intenciones y las confusiones de nombre. Según Soupault, Lautréamont había sido un agitador revolucionario de tendencia blanquista pero, en realidad, sólo había confundido a Ducasse, Isidore, el poeta, con un homónimo, Félix Ducasse,[65] identificado por el mismo Charles Da Costa, el autor de *Les blanquistes*[66] ya mencionado.

Suele ocurrir que una vez que se admite una confusión, muchas más se precipitan y, a esta altura, ya no parece tan fácil interrumpirlas. "Que Lautréamont haya sido o no un militante revolucionario, que se haya dirigido o no a las muchedumbres, nos importa poco" dice André Breton. En cambio, sí le molesta la confusión, la superchería de hacer pasar un Ducasse por otro, sobre todo porque la inconsistencia no queda ahí. En su *Isidore Ducasse, comte de Lautréamont*, François Caradec, con la buena intención de "descartar toda confusión entre Isidore Ducasse y su homónimo Frédéric Ducasse", aunque anote que "Hoy en día la cuestión esté zanjada",[67] introduce un nombre más que, en lugar de aclarar las identidades en juego, con-

---

[62] André Breton, *Œuvres complètes*. Edición con introducción de Marguerite Bonnet, París, Gallimard, Bibliothèque de la Pléiade, vol. 2, 1992, p. 942.

[63] "Le 2 avril 1921, Félix Valloton [...] nous écrivait: Ce portrait est une invention pure, faite sans aucun document, personne, y compris de Gourmont, n'ayant sur le personnage la moindre lueur. Cependant je sais qu'on chercha. C'est donc une image de pure fantaisie, mais les circonstances ont fini par lui donner corps et elle passe généralement pour vraisemblable." *Ibid.*

[64] Jules Vallès (1832-1885). Periodista, revolucionario, socialista, célebre por su serie de novelas autobiográficas: *L'enfant* (1881), *Le bachelier* (1882), *L'insurgé* (1886).

[65] A. Breton, *op. cit.*, p. 1724.

[66] Charles Da Costa, *op. cit.*

[67] François Caradec, *Isidore Ducasse, comte de Lautréamont*, París, Gallimard, Idées, 1973, p. 140.

tribuye a complicar la perplejidad. Como en el teatro, el equívoco no pasa de eso: un nombre por otro o un personaje por otro; la equivocidad no altera la trama e, incluso, puede contribuir a animar la acción.

Sin embargo, a esta altura, se podría temer que una especie de maldición haya caído sobre los nombres ya que, la tendencia o la tentación a la equivocidad aparece como una herencia natural de tantos sosias y sucedáneos de Blanqui, a quien con frecuencia se confunde con su hermano Adolphe, autor de varios libros de economía que, por otra parte, nada tienen en común con las posiciones de Louis-Auguste.

Tratándose del conde de Lautréamont, tampoco era imprevisible un Ducasse más, o dos: Isidore, Lucien, Félix, Frédéric, François. Una hipótesis etimológica *L'autreàMont(evideo)* supone que Ducasse se convierte en *otro* ("autre") en París, ¿por qué no si cuestiona la identidad que funda la alteridad de un poeta que la defiende más que a sí mismo? Por su parte, varios fueron los seudónimos que designaban a Blanqui: Colomb, Denonville, Suzamel, entre otros. Los seudónimos, los heterónimos, los homónimos atraen una onomástica abusiva: los Ducasse confundidos, los hermanos Blanqui identificados, todavía se perfila un caso más, tal vez se trate de entrever el boceto de un modelo en perspectiva.

Se llama *Louis Ménard*, conoció personalmente a Félix Ducasse. Dado el problema de la coincidencia de nombres, más de un crítico podría haberlo confundido con Pierre Menard, el nombre del famoso personaje de Borges, tal vez uno de los autores más citados de los últimos tiempos quien, sin existir, supo citar de una manera tal que su provocación impugna, más que la trillada "muerte del autor" diagnosticada por Roland Barthes o por Michel Foucault, el surgimiento de una estética de la desaparición que no sólo el arte, la literatura, sino la historia, las ideologías y sus respectivas certezas, padecen en esta época cuando los cambios pasan por desapariciones y la aniquilación por fundamento.

En *Borges. Una biografía literaria*,[68] Emir Rodríguez Monegal se detiene a subrayar la importancia, para Borges, de la lectura de

[68] Emir Rodríguez Monegal, *Borges. A Literary Biography*, Nueva York, Dutton, 1978.

las *Promenades littéraires*[69] de Remy de Gourmont[70] y examinar la resonancia de este libro en la visión estética de Borges. El artículo, "Louis Ménard, un pagano místico", que se radica en los márgenes literarios emplazando al autor de "Rêveries d'un païen mystique",[71] presiente desde el título, el título del sobrecitado cuento de Borges: "Pierre Menard, autor del Quijote".[72] Seguramente, esos paseos literarios de Gourmont llamaron la atención de Borges sobre un Menard, el inventor que descubrió el colodio, un producto específicamente útil en fotografía, que fue pintor de la conocida escuela de Barbizon, el escritor conocido como un socialista revolucionario, de tendencia blanquista, detenido, exiliado. También poeta, se le reconoce sobre todo por los ejercicios filológicos en los que "reescribe" obras perdidas de trágicos griegos. La más conocida se denomina "Una versión del *Prometeo liberado*" *(Une version du Promethée délivré)* de 1844, la obra perdida de Esquilo que publicó bajo el seudónimo de L. de Senneville. Decía –según afirma Remy de Gourmont– que las escribía en francés "para comodidad de sus lectores". La parodia, la tendencia a leer anacrónicamente los clásicos, la identidad travestida y la justificación de la opción idiomática, lo asimilan a su medio homónimo, Pierre Menard, sin acento en la e, el notable poeta simbolista "contemporáneo de William James" que, después de haberlo consagrado Borges autor del Quijote, no cesa de favorecer las teorías de la escritura y sus refutaciones, de la lectura y las suyas, de la traducción y la parodia, de la literatura, de la historia de la literatura, o de la literatura y la historia, *tout court*.

¿Por qué precisamente el Quijote? dirá nuestro lector. Esa preferencia, en un español, no hubiera sido inexplicable; pero sin duda lo es en un simbolista de Nîmes, devoto esencialmente de Poe, que engendró a Mallarmé, que engendró a Valéry, que engendró a Edmond Teste. [...] ¡Qué españoladas no habría aconsejado esa elección a Maurice Barrès o al doctor Rodríguez Larreta!

[69] Remy de Gourmont, *Promenades littéraires*, París, Mercure de France, 1904-1913.

[70] Conocía igualmente el *Livre des masques* de Remy de Gourmont, con los retratos realizados por Félix Valloton, París, Société du "Mercure de France", 1896.

[71] Publicado en 1909 con un prefacio de Maurice Barrès.

[72] J.L. Borges, *Ficciones*, Buenos Aires, 1941.

Por otra parte, se sabe que la hermana menor de Blanqui, Uranie, se casó con un dueño de astilleros argentinos, con quien partió desde Francia rumbo al Río de la Plata; también se anota que uno de sus barcos, bautizado "Auguste Blanqui", destacaba en un lugar visible del salón un cuadro con su imagen. Por ahora, no es mucho más lo que se ha averiguado. Como los nombres de lucha bajo los cuales se ocultaba, o como las letras del acróstico que cifraba la dirección de su escondite, estos datos fragmentarios sólo esbozan una pista más de la "llegada" de Blanqui al imaginario de estas latitudes.

> Bonheur
> Loi
> Amour
> N'ont
> Qu'un
> Instant[73]

En pocas oportunidades habla Breton de Blanqui. En 1934, cuando se pregunta "Qu'est-ce que le surréalisme?", Breton destaca las relaciones entre los *Cantos de Maldoror* de Isidore Ducasse con el surrealismo y subraya la importancia decisiva en su obra de los acontecimientos derivados de la declaración de la guerra de 1870 y del aplastamiento atroz de la Comuna de París. Al referirse a la liberación del proletariado por la experiencia poética alude al "militantismo revolucionario [...] nuestra turbulencia, [...] eso que se ha creído a veces poder llamar nuestro 'blanquismo'".

De la misma manera que Walter Benjamin quiso reconocer en Lautréamont, en las transgresiones del poeta, *una vita política,*[74] yo quisiera hacer de este agitador revolucionario que fue Blanqui, *una vita literaria.* Tal vez sea otra modalidad de blanquismo a ultranza hacer de su insurrección una resurrección hipotética, de su destierro astral, un eterno retorno.

¿Cuántos conocen –se preguntaba Geffroy y la pregunta vale aún en la actualidad– al poeta que escribió este bello libro que es *La eternidad a través de los astros*? La escultura de Jules Da-

---

[73] Felicidad, Ley, Amor, No tienen más Que un Instante.
[74] W. Benjamin, "Le surréalisme", *op. cit.*

lou en el Cementerio del Père Lachaise, donde una flor roja fresca contrasta la oscuridad del bronce, el retrato de Eugène Carrière, la estrofa de Eugène Pottier, autor de La Internacional, lo recuerdan:

Contra una clase sin entrañas
Luchando por el Pueblo sin pan
Tuvo cuatro murallas, vivo,
Muerto, cuatro tablas de pino.[75]

Más que el blanquismo, Blanqui, o su *influencia* –si se entiende como el flujo astral que actúa sobre los hombres y las cosas– sigue siendo un fenómeno insólito, diseminado en distintos libros, ejemplares y numerosos, reproducidos como los sosias que había previsto. A pesar de los fervorosos enfrentamientos ya históricos que protagonizó, más que sus combates de político revolucionario, es la tenacidad de sus meditaciones sobre la eternidad alegórica de la revolución de los astros –también en el sentido astronómico de *revolución*– la que retorna *sub specie aeternitatis*, a manera de escritura. En este sentido, se diría que su hipótesis no ha fracasado, ni la revolución permanente que supone y defiende. Tal vez esa conjetura haya incidido en la vigencia de su pensamiento, de su práctica fogosa no desvanecida en sistemas y utopías que las iniquidades de otras doctrinas prolongaron hasta avanzado el siglo xx.

Es curioso, de sus vastos escritos perdura un pequeño libro, de ese libro el resumen de algunos capítulos finales, del resumen, un párrafo. Esas pocas líneas dieron lugar a que los mayores pensadores y autores, algunos de los más influyentes en la segunda mitad del siglo xx, recogieran sus reflexiones que se sustraen a los límites de la cárcel, de la lengua, de la distancia y el tiempo. Cruzando fronteras y océanos, entre miles de copias que no sólo reproducen originales sino que los desplazan, anticipan o determinan las confusiones de una época que cifra en la tecnología y el espacio su esperanza, aunque el propio espacio no tenga lugar. Imprevisiblemente, en tierras distantes, dos, tres o más escritores escribían, casi al mismo tiempo, las mismas líneas de Blanqui, esa

---

[75] *Contre une classe sans entrailles, / Luttant pour le Peuple sans pain, / Il eut, vivant, quatre murailles, / Mort, quatre planches de sapin.*

reiteración de copias justifica la hipótesis que él había aventurado tiempo atrás. Como en un cuento, no faltan las coincidencias; apenas los nombres difieren y algunas circunstancias que, igualmente misteriosas, no atenúan el posible asombro.

LISA BLOCK DE BEHAR
Montevideo, Uruguay

LA ETERNIDAD A TRAVÉS DE LOS ASTROS

Movimiento de la Tierra alrededor del Sol, según Copérnico.
Andrea Cellarius, *Harmonia macrocosmica, seu Atlas universalis et novus,*
Amsterdam, 1661.

I

EL UNIVERSO - EL INFINITO

El universo es infinito en el tiempo y en el espacio, eterno, indivisible y sin límites. Todos los cuerpos, animados e inanimados, sólidos, líquidos y gaseosos, se relacionan entre sí por medio de las mismas cosas que los separan. Todo concuerda. Si se suprimieran los astros, quedaría el espacio completamente vacío, sin duda, pero mantendría las tres dimensiones, largo, ancho y profundidad. Un espacio indivisible e ilimitado.

Dijo Pascal, con su magnificencia de lenguaje: "El universo es un círculo cuyo centro se encuentra en todas partes y la circunferencia en ninguna." ¿Qué imagen del infinito más sobrecogedora que ésa? Digamos, según él, y con mayor precisión: El universo es una esfera cuyo centro está en todas partes y su superficie en ninguna.

Está ahí, delante de nosotros, ofreciéndose a la observación y al razonamiento. Los astros innumerables brillan en sus profundidades. Supongámonos en uno de esos "centros de esfera", que están en todas partes y cuya superficie no se encuentra en ninguna, y admitamos por un instante la existencia de esta superficie que, en consecuencia, se constituye en límite del mundo.

¿Será sólido, líquido o gaseoso, este límite? Cualquiera sea su naturaleza, enseguida se producirá la prolongación de aquello que limita o pretende limitar. Supongamos que no existe, en este sentido, ni sólido, ni líquido, ni gas, ni siquiera el éter. Nada más que el espacio, negro y vacío. Este espacio posee las mismas tres dimensiones, y tendrá necesariamente como límite, es decir, como continuación, una nueva porción de espacio de la misma naturaleza, y luego, otra, luego otra más, y así en adelante, *indefinidamente*.

El infinito sólo se nos puede presentar bajo el aspecto de lo *indefinido*. Uno conduce al otro por la manifiesta imposibilidad de encontrar, o aun de concebir, una limitación para el espacio. Es cierto, el universo infinito es incomprensible, pero el universo limitado es absurdo. Esta certeza absoluta de la infinitud del mundo, junto a su incomprensibilidad, constituye una de las más crispantes irritaciones que atormentan el espíritu humano. Existen, sin duda, en alguna parte, en los globos errantes, cerebros suficientemente vigorosos como para comprender el enigma, impenetrable al nuestro. Es necesario que nuestros celos hagan su duelo. Este enigma se plantea tanto con respecto al infinito en el tiempo como respecto al infinito en el espacio. Aún más vivamente que su inmensidad, la eternidad del mundo cautiva la inteligencia. Si no se le puede consentir límites al universo, ¿cómo soportar el pensamiento de su no existencia? La materia no salió de la nada. Tampoco entrará ahí. Es eterna, imperecedera. Si bien se encuentra en perpetua transformación, no puede disminuir ni crecer en un solo átomo.

Infinita en el tiempo, ¿por qué no lo será también en la extensión? Los dos infinitos son inseparables. Uno implica el otro bajo pena de contradicción y de absurdo. La ciencia no ha constatado todavía una ley de solidaridad entre el espacio y los globos que lo surcan. El calor, el movimiento, la luz, la electricidad, son una necesidad en toda la extensión. Los hombres competentes piensan que ninguna de sus partes quedaría viuda de esos grandes fuegos luminosos, por medio de los cuales viven los mundos. Nuestro opúsculo reposa por completo en esta opinión, que puebla con infinidad de globos el infinito del espacio y no deja un rincón de tinieblas, de soledad y de inmovilidad en ninguna parte.

II

LO INDEFINIDO

Por más débil que sea, habría que hacerse una idea del infinito sólo por lo indefinido y, sin embargo, esa idea tan débil ya reviste apariencias formidables. Sesenta y dos cifras, que ocupan un largo de alrededor de 15 centímetros, dan 20 octo-decillones de leguas, o en términos más habituales, miles de millones de miles de millones de miles de millones de miles de millones de miles de millones de veces el camino del Sol a la Tierra. Si se imaginara una línea de números, que van desde aquí al Sol, es decir, no de 15 centímetros de largo sino de 37 millones de leguas. ¿No es aterradora la extensión que abarca esa enumeración? Tome ahora esta misma extensión por unidad en un nuevo número y veremos: la línea de cifras que lo componen parte de la Tierra y llega allá, a esa estrella, a cuya luz, haciendo 75 000 leguas por segundo, le lleva más de mil años llegar hasta nosotros. Si la lengua encontrara las palabras y el tiempo para enunciarlo, ¡qué distancia saldría de un cálculo semejante!

Así se puede prolongar lo *indefinido* a discreción, sin traspasar los límites de la inteligencia, pero ni siquiera se empezaría con el infinito. Aun cuando cada palabra indicara los alejamientos más aterradores, se hablaría de miles de millones de miles de millones de siglos, a una palabra por segundo, para expresar, en suma, tratándose del infinito, sólo una insignificancia.

Los planetas personalizados.
Barthélemy l'Anglais, *Livre des propriétés des choses*, Poitiers, c. 1480.

III

PRODIGIOSAS DISTANCIAS DE LAS ESTRELLAS

El universo parece desenrollarse, inmenso, bajo nuestras miradas. Sin embargo nos muestra sólo un rinconcito bien pequeño. El Sol es una de las estrellas de la vía láctea, ese gran agrupamiento estelar que invade la mitad del cielo y del que las constelaciones sólo son miembros desprendidos, dispersos en la bóveda de la noche. Más allá, algunos puntos imperceptibles, aplicados al firmamento, señalan los astros semi-extinguidos por la distancia, y allá abajo, en las profundidades que ya se ocultan, el telescopio entrevé nebulosas, pequeños montones de polvo blanquecino, vías lácteas de los planos más distantes.

Es prodigioso el alejamiento de estos cuerpos. Escapa a todos los cálculos de los astrónomos que han ensayado, en vano, encontrar una paralaje a algunos de los más brillantes: Sirio, Altair, Vega (de la Lira). Sus resultados no obtuvieron ningún crédito y permanecen muy problemáticos. Son aproximaciones, o más bien un mínimo, que desplaza las estrellas más cercanas más allá de 7 000 miles de millones de leguas. La mejor observada, la 61a. del Cisne, ha dado 23 000 miles de millones de leguas, 658 700 veces la distancia de la Tierra al Sol.

La luz, andando a razón de 75 000 leguas por segundo, sólo franquea este espacio en diez años y tres meses. El viaje en ferrocarril, a diez leguas por hora, sin un minuto de detenimiento ni de atraso, duraría 250 millones de años. A ese paso, se llegaría al Sol en 400 años.

La Tierra, que hace 233 millones de leguas cada año, sólo llegaría a la 61a. del Cisne en más de cien mil años.

Las estrellas son soles semejantes al nuestro. Se dice que Sirio es ciento cincuenta veces más grande. Es posible, aunque no muy verificable. Sin contradecirlo, esos fuegos luminosos deben ofrecer grandes desigualdades de volumen. La comparación no viene al caso, y las diferencias de tamaño y de brillo no pueden ser para nosotros sino cuestiones de alejamiento, o más bien cuestiones dudosas. Sin datos suficientes, toda apreciación es una temeridad.

IV

CONSTITUCIÓN FÍSICA DE LOS ASTROS

Sin apartarse nunca del plan general que domina todas sus obras, la naturaleza es maravillosa en el arte de adaptar los organismos a los medios. Con simples modificaciones, multiplica sus tipos hasta lo imposible. En los cuerpos celestes, se supuso, erradamente, situaciones y seres igualmente fantásticos, sin ninguna analogía con los huéspedes de nuestro planeta. Nadie duda de que existan miríadas de formas y de mecanismos. Pero el plan y los materiales permanecen invariables. Sin duda se puede afirmar que, en los extremos más opuestos del universo, los centros nerviosos son la base, y la electricidad el principio-agente, de toda existencia animal. Los demás aparatos se le subordinan, según miles de formas dóciles a los ambientes. Es ciertamente así en nuestro grupo planetario, que debe presentar innumerables series de organizaciones diversas. No es necesario alejarse de la Tierra para ver tal diversidad casi sin límites.

Siempre hemos considerado nuestro globo como el planeta-rey, una vanidad que ha sido humillada con frecuencia. Somos casi intrusos en el grupo que nuestra pequeña gloria pretende hacer arrodillar alrededor de su supremacía. La densidad es la que decide la constitución física de un astro. Ahora bien, nuestra densidad no es la del sistema solar, en absoluto. Sólo forma una ínfima excepción que casi nos excluye de la familia verdadera, compuesta por el Sol y los grandes planetas. En el conjunto del cortejo Mercurio, Venus, la Tierra, Marte, como volumen, cuentan por dos sobre 2 417, y asociando el Sol, por dos en 1 281 684. ¡Daría lo mismo que fuera igual a cero!

Hace algunos años, apenas, frente a semejante contraste, la fantasía imaginaba la estructura de los cuerpos celestes. Que no debían parecerse en nada al nuestro era lo único que no parecía dudoso. Era un error. El análisis espectral permitió disipar este error, y demostrar la identidad de composición del universo, a pesar de tantas apariencias contrarias. Las formas son innumerables, los elementos son los mismos. Aquí llegamos a la cuestión capital, la que domina desde la altura y anula casi todas las demás; es necesario entonces abordarla en detalle y proceder de lo conocido a lo desconocido.

Hasta nueva orden, en nuestro globo, la naturaleza tiene a su disposición como elementos únicos los 64 *cuerpos simples*, cuyos nombres mencionamos a continuación. Decimos "hasta nueva orden", porque el número de estos cuerpos era sólo 53 hasta hace pocos años. De vez en cuando, su nomenclatura se enriquece con el descubrimiento de algún metal, separado por la química, con gran dificultad, de los lazos tenaces de sus combinaciones con el oxígeno. Los 64 alcanzarán la centena, es probable. Pero los actores serios no pasan de 25. El resto sólo figura a título de comparsas. Se les denomina cuerpos simples porque, hasta ahora, se les considera irreductibles. Los ordenamos, más o menos, en el orden de su importancia:

1. Hidrógeno	24. Bismuto
2. Oxígeno	25. Cinc/Zinc
3. Ázoe	26. Arsénico
4. Carbono	27. Platino
5. Fósforo	28. Estaño
6. Azufre	29. Oro
7. Calcio	30. Níquel
8. Silicio	31. Glucinio
9. Potasio	32. Flúor
10. Sodio	33. Manganeso
11. Aluminio	34. Circonio
12. Cloro	35. Cobalto
13. Yodo	36. Iridio
14. Hierro	37. Boro
15. Magnesio	38. Estroncio
16. Cobre	39. Molibdeno
17. Plata	40. Paladio
18. Plomo	41. Titanio
19. Mercurio	42. Cadmio
20. Antimonio	43. Selenio
21. Bario	44. Osmio
22. Cromo	45. Rubidio
23. Bromo	46. Lantano

47. Telurio
48. Tungsteno
49. Uranio
50. Tantalio
51. Litio
52. Niobio
53. Rodio
54. Didimio
55. Indio

56. Terbio
57. Talio
58. Torio
59. Vanadio
60. Itrio
61. Cesio
62. Rutenio
63. Erbio
64. Cerio

Los cuatro primeros: hidrógeno, oxígeno, ázoe, carbono, son los grandes agentes de la naturaleza. A tal punto su acción es universal que no se sabe a cuál de ellos corresponde la prioridad. El hidrógeno va a la cabeza, ya que es la luz de todos los soles. Estos cuatro gases constituyen casi, por sí mismos, la materia orgánica, flora y fauna, asociándoles el calcio, el fósforo, el azufre, el sodio, el potasio, etcétera.

El hidrógeno y el oxígeno forman el agua, con el agregado de cloro, de sodio, de yodo para los mares. El silicio, el calcio, el aluminio, el magnesio, combinados con el oxígeno, el carbono, etc., componen las grandes masas de terrenos geológicos, las capas superpuestas de la corteza terrestre. Los metales preciosos tienen más importancia para los hombres que en la naturaleza.

Hasta hace poco todavía, estos elementos eran considerados especialidades de nuestro globo. ¡Cuántas polémicas, por ejemplo, sobre el Sol, su composición, el origen y la naturaleza de la luz! Apenas ha terminado la gran querella de la *emisión* y de las *ondulaciones*. Resuenan todavía las últimas escaramuzas de retaguardia. Sobre su éxito, las ondulaciones victoriosas habían construido una teoría fantástica: "El Sol, simple cuerpo opaco como el primer venido de los planetas, está envuelto por dos atmósferas, una parecida a la nuestra, que sirve de sombrilla a los indígenas contra la segunda, llamada fotosfera, fuente eterna e inagotable de luz y calor."

Esta doctrina, aceptada universalmente, reinó mucho tiempo en la ciencia, en desmedro de todas las analogías. El fuego central que ruge bajo nuestros pies es suficiente testimonio de que la Tierra fue en otras épocas lo que hoy es el Sol, pero a la Tierra nunca se le endosó una fotosfera eléctrica, gratificada por el don de perennidad.

El análisis espectral ha disipado estos errores. Ya no se trata de electricidad inusable y perpetua sino, muy prosaicamente, de hidrógeno ardiente, ahí, como en otras partes, con el concurso del oxígeno. Las protuberancias rosadas son chorros prodigiosos de este gas inflamado que desbordan el disco de la Luna mientras ocurren los eclipses totales de Sol. En cuanto a las manchas solares, con razón se las había representado como vastos embudos abiertos en las masas gaseosas. Es la llama del hidrógeno, barrida por las tempestades sobre inmensas superficies, la que permite percibir, no como una opacidad negra sino como una oscuridad relativa, el núcleo del astro, ya sea en estado líquido, ya sea en estado gaseoso fuertemente comprimido.

Entonces, basta de quimeras. Existen dos elementos terrestres que iluminan el universo, como se iluminan las calles de París y de Londres. Su combinación es la que expande la luz y el calor. El producto de esta combinación, el agua, es el que crea y mantiene la vida orgánica. Sin agua, no hay atmósfera, ni flora ni fauna. Sólo el cadáver de la Luna.

Océano de llamas en las estrellas para vivificar, océano de agua sobre los planetas para organizar, la asociación del hidrógeno y del oxígeno gobierna la materia y el sodio es su compañero inseparable en sus dos formas opuestas: el fuego y el agua. En el espectro solar brilla en primera línea; es el elemento principal de la sal de los mares.

Estos mares, hoy tan apacibles, a pesar de sus suaves arrugas, han conocido otras tempestades, cuando se arremolinaban en llamas devorantes sobre las lavas de nuestro globo. Sin embargo, es precisamente esa misma masa de hidrógeno y de oxígeno. ¡Pero qué metamorfosis! La evolución se ha cumplido. Se cumplirá también en el Sol. Desde ya sus manchas revelan, en la combustión del hidrógeno, lagunas pasajeras, que el tiempo no cesará de ampliar y de volver permanentes. Ese tiempo se contará en siglos, sin duda, pero la pendiente desciende.

El Sol es una estrella en declinación. Llegará un día cuando el producto de la combinación del hidrógeno con el oxígeno, dejando de descomponerse de nuevo para reconstituir aparte los dos elementos, quedará en lo que debe ser: agua. Ese día verá terminarse el reino de las llamas y comenzar el de los vapores acuosos, cuya última palabra es el mar. Con estos vapores, envolviendo en sus masas espesas el astro caído, nuestro mundo planetario caerá en la noche eterna. Antes de ese término fatal, la humanidad tendrá tiempo de aprender muchas cosas. Ya sabe, por la espectrometría, que la mitad de los 64 cuerpos simples que componen nuestro planeta también forma parte del Sol, de las estrellas y de sus cortejos. Sabe que el universo entero recibe la luz, el calor y la vida orgánica, del hidrógeno y del oxígeno asociados, llamas o agua.

Todos los *cuerpos simples* no se muestran en el espectro solar y, recíprocamente, los espectros del Sol y de las estrellas acusan la existencia de elementos que nos son desconocidos. Pero esta ciencia es todavía nueva e inexperimentada. Apenas si dice su primer palabra y es decisiva. Los elementos de los cuerpos celestes son idénticos en todas partes. El porvenir sólo desarrollará, cada día, las pruebas de esta identidad. Las desviaciones de densidad, que parecían desde un primer momento un obstáculo insuperable a toda semejanza entre los planetas de nuestro sistema, pierden mucho de su significación aislante, cuando se ve el Sol, cuya densidad es la cuarta de la nuestra, encerrando metales como el hierro (densidad 7.80), el níquel (8.67), el cobre (9.95), el zinc (7.19), el cobalto (7.81), el cadmio (8.69), el cromo (5.90).

Nada más natural que los *cuerpos simples* existan en los distintos globos en proporciones desiguales, de donde resultan las divergencias de densidad. Evidentemente, los materiales de una nebulosa deben clasificarse en los planetas según las leyes de la gravedad, pero esta clasificación no impide que los *cuerpos simples* coexistan en el conjunto de la nebulosa, salvo al repartirse enseguida según cierto orden, en virtud de estas leyes. Precisamente ése es el caso de nuestro sistema y, según las apariencias, el de los otros grupos estelares. Más adelante veremos qué condiciones resultan de este hecho.

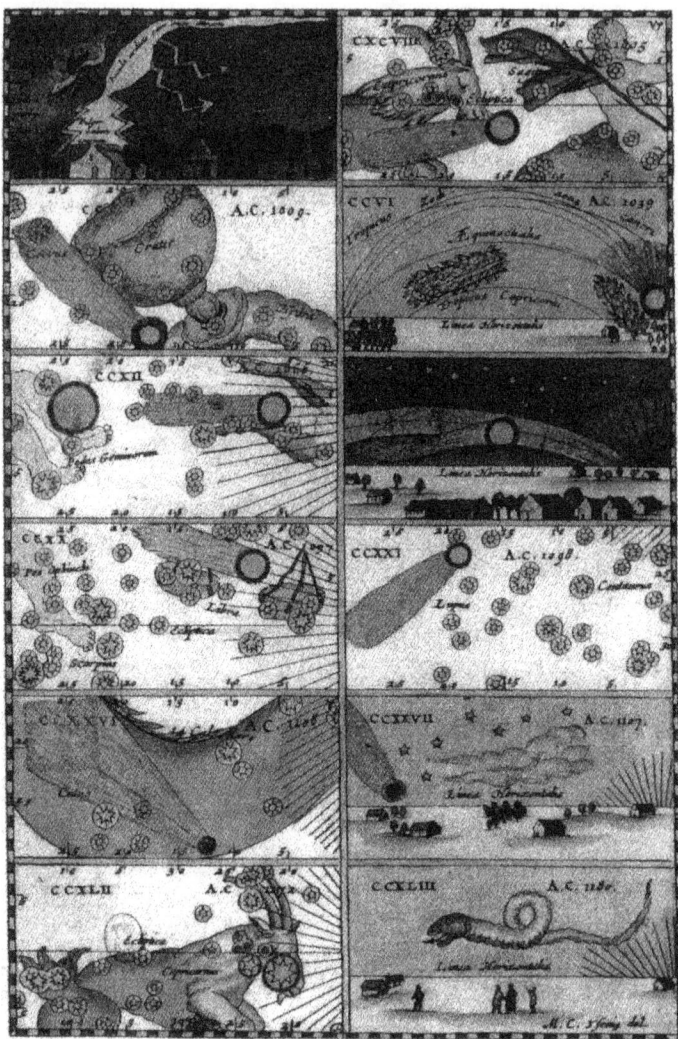

Trayectoria de algunos cometas.
Stanislas de Lubienetski, *Theatrum cometicum*,
Amsterdam, Frans Cuijper, 1666-1668.

V

OBSERVACIONES SOBRE LA COSMOGONÍA DE LAPLACE. LOS COMETAS

Laplace ha obtenido su hipótesis de Herschell, quien la había extraído de su telescopio. Dedicado a las matemáticas, el ilustre geómetra se ocupa mucho del movimiento de los astros y casi nada de su naturaleza. Sólo aborda la cuestión física con indolencia, por medio de simples afirmaciones, y se apura en volver a los cálculos de la gravedad, su objetivo permanente. Es evidente que su teoría se enfrenta a dos dificultades capitales: tanto el origen como la alta temperatura de las nebulosas y los cometas. Posterguemos por un instante las nebulosas y veamos los cometas. Sin poder alojarlos en su sistema bajo ningún título, el autor, para deshacerse de ellos, los manda a paseo de estrella en estrella. Sigámoslos, a fin de desembarazarnos de ellos nosotros mismos.

En la actualidad, todo el mundo siente un profundo desprecio por los cometas, esos miserables juguetes de los planetas superiores que los empujan, los tironean de mil modos, los inflan con los fuegos solares y terminan por tirarlos hacia afuera hechos pedazos. ¡Completo fracaso! ¡Qué respeto humilde, hace tiempo, cuando se les saludaba como mensajeros de la muerte! ¡Cuántos abucheos y silbidos desde que se les sabe inofensivos! Bien que se reconoce en eso a los hombres.

En todo caso, la impertinencia no se da sin un suave matiz de inquietud. Los oráculos no se privan de contradicciones. Así Arago, después de haber proclamado veinte veces la nulidad absoluta de los cometas, después de haber asegurado que el vacío más perfecto de una máquina neumática es mucho más denso que la sustancia cometaria, en un capítulo de sus obras, declara, nada menos, que la "transformación de la Tierra en satélite de cometa es un acontecimiento que no sale del círculo de las probabilidades".

Laplace, un sabio tan grave, tan serio, profesa igualmente el pro y el contra sobre esta cuestión. En alguna parte, dice: "El encuentro de un cometa no puede producir en la Tierra ningún efecto sensible. Es muy probable que los cometas *la hayan envuelto varias veces sin haber sido advertidos...*" Y en otro pasaje: "Es fácil representarse los efectos de este choque (de un cometa) contra la Tierra: cambiados el eje y el movimiento de rotación; los mares, abandonando sus antiguas posiciones, para precipitarse hacia un nuevo ecuador; una gran parte de los hombres y animales ahogados en ese diluvio universal o destruidos por el violento sacudimiento del globo, especies enteras aniquiladas...", etcétera.

Los *sí* y los *no* tan categóricos son raros en la pluma de un matemático. La atracción, ese dogma fundamental de la astronomía, aparece también maltratada a veces. Lo vamos a ver diciendo una palabra de la luz zodiacal.

Este fenómeno ya ha recibido numerosas explicaciones diferentes. Primero se le atribuyó a la atmósfera del Sol, opinión combatida por Laplace. Según él, "la atmósfera solar no llega ni a mitad de camino de la órbita de Mercurio. Las luces zodiacales proceden de moléculas demasiado volátiles para unirse a los planetas en la época de la gran formación primitiva, que circulan hoy alrededor del astro central. Su extrema tenuidad no opone ninguna resistencia a la marcha de los cuerpos celestes y nos da esta claridad permeable a las estrellas."

Semejante hipótesis es poco verosímil. Las moléculas planetarias, volatilizadas por una temperatura alta, no conservan eternamente su calor ni, en consecuencia, la forma gaseosa en los helados desiertos de la extensión. Además, diga lo que diga Laplace, esta materia, tan tenue como se la supone, sería un obstáculo serio para los movimientos de los cuerpos celestes y, con el tiempo, llevaría a graves desórdenes.

La misma objeción refuta una idea reciente, que le hace el honor de la luz zodiacal a los destrozos de cometas naufragados en las tempestades del perihelio. Estos restos formarían un vasto océano que engloba y supera hasta a las órbitas de Mercurio, Venus y la Tierra. Confundir su nulidad con la del éter, más aún, hasta con la del vacío, sería desdeñar demasiado los cometas. No, los planetas no harían un buen camino a través de esas nebulosidades y la gravitación no tardaría en sentirse mal.

Parecería aún menos racional buscar el origen de las luces

misteriosas de la región zodiacal en un anillo de meteoritos que circulan alrededor del Sol. Los meteoritos, por su naturaleza, no son demasiado permeables a la claridad de las estrellas. Elevándose algo más, tal vez se podría encontrar el camino de la verdad. Arago dijo no sé dónde: "La materia cometaria ha podido entrar con bastante frecuencia en nuestra atmósfera. No es un acontecimiento peligroso. Sin advertirlo, podemos atravesar la cola de un cometa..." Laplace no es menos explícito: "Es muy probable, dice, que los cometas hayan envuelto varias veces la Tierra sin haber sido advertidos."

Todo el mundo opinará así. Pero se les podría preguntar a ambos astrónomos en qué se han convertido esos cometas. ¿Continuaron su viaje? ¿Les fue posible sustraerse a los abrazos de la Tierra y pasar más allá? Entonces, ¿fue confiscada la atracción? ¡Y qué! ¡Este vago efluvio cometario, que fatiga la lengua en definir su nada, derrotaría la fuerza que domina al universo!

Se concibe que dos globos macizos, lanzados a todo galope, se crucen por la tangente y continúen huyendo, luego de un doble sacudimiento. Pero que inanidades errantes vengan a pegarse contra nuestra atmósfera, para continuar después su ruta apaciblemente, sería un descaro difícilmente aceptable. ¿Por qué no se quedan pegados, esos vapores difusos, a nuestro planeta por la gravedad?

"¡Justamente!" Porque no pesan, se dirá. "Su propia inconsistencia los aparta. Nada de masa, nada de atracción." Razonamiento equivocado. Si se separan de nosotros para sumarse a su escuadrón, ocurre que su servicio militar los atrae y se los lleva. ¿A título de qué? La Tierra es bastante superior en potencia. Los cometas, se sabe, no molestan a nadie y todo el mundo los molesta porque son los humildes esclavos de la atracción. ¿Cómo dejar de obedecerla, precisamente, cuando nuestro globo los aprieta y no debería dejarlos? El Sol se encuentra demasiado lejos para disputárselos a quien los tiene tan cerca y, aunque pudiera atrapar la cabeza de esas muchedumbres, la retaguardia, rota y dislocada, quedaría en poder de la Tierra.

Sin embargo se habla, como de una cosa muy simple, de cometas que rodean, luego abandonan nuestro globo. Nadie ha hecho la mínima observación en este sentido. ¿Alcanza la marcha rápida de estos astros para sustraerlos a la acción terrestre y continuar su curso por la impulsión adquirida?

Sería imposible semejante ataque a la gravitación y debemos estar en la vía de sus luces zodiacales. Los destacamentos cometarios, hechos prisioneros en sus encuentros siderales y rechazados hacia el ecuador por la rotación, van a formar sus hinchazones lenticulares, que se iluminan con los rayos del Sol antes de la aurora y, sobre todo, después del crepúsculo de la tarde. El calor del día los ha dilatado y su luminosidad, después del enfriamiento de la noche, se vuelve más sensible que durante la mañana.

Estas masas diáfanas, de apariencia completamente cometaria, permeables a las estrellas más pequeñas, ocupan una extensión inmensa, desde el ecuador, su centro y su punto culminante como altitud y como resplandor, mucho más allá de los trópicos y probablemente hasta los dos polos, donde descienden, se contraen y se apagan.

Hasta ahora siempre se había alojado la luz zodiacal fuera de la Tierra y era difícil asignarle tanto un lugar como una naturaleza conciliable a la vez con su permanencia y sus variaciones. Pero es la Tierra misma la que origina la causa, enrollada alrededor de su atmósfera, sin que el peso de la columna atmosférica reciba un solo átomo de aumento. Esta pobre sustancia no podría dar una prueba más decisiva de su inanidad.

Los cometas, en sus visitas, renuevan los contingentes prisioneros tal vez con más frecuencia de lo que se piensa. Estos contingentes no podrían superar cierta altura sin ser espumados por la fuerza centrífuga, que se va con su botín al espacio. Así, la atmósfera terrestre se encuentra forrada por una envoltura cometaria, casi imponderable, sitio y fuente de la luz zodiacal. Esta versión coincide con la diafanidad de los cometas y, además, tiene en cuenta las leyes de la gravedad que no autorizan la evasión de los desprendimientos capturados por los planetas.

Volvamos a la historia de estas nulidades cabelludas. Si evitan Saturno es para caer bajo la copa de Júpiter, el policía del sistema. En guardia en la sombra, los husmea, antes aún de que un rayo de Sol los torne visibles, acorralándolos despavoridos hacia desfiladeros peligrosos. Ahí, atrapados por el calor y dilatados hasta la monstruosidad, pierden su forma, se alargan, se dispersan y franquean el paso terrible, a la desbandada, abandonando por todos lados a los rezagados y, no recuperando sino con el mayor esfuerzo, bajo la protección del frío, el lugar de sus soledades desconocidas. Sólo escapan los que no han caído en las emboscadas de la zona planetaria. Así, evitando funestos desfiles y, dejando a lo lejos, en las llanuras zodiacales, las grandes arañas paseándose al borde de sus telas, el cometa de 1811 funda las alturas polares sobre la eclíptica, se desborda y da vuelta rápidamente al Sol, luego reúne y reforma sus inmensas columnas dispersas por el fuego del enemigo. Sólo entonces, luego del éxito de la maniobra, despliega ante las miradas estupefactas los esplendores de su ejército y continúa majestuosamente su retirada victoriosa hacia las profundidades del espacio. Esos triunfos son raros. De a miles vienen los pobres cometas a quemarse a la luz de la vela. Como las mariposas, acuden ligeros a precipitar su vuelta alrededor de la llama que los atrae, desde el fondo de la noche, y no se sustraen sin tapizar los campos de la eclíptica con sus desechos. Si hubiera que dar crédito a algunos cronistas de los cielos, desde el Sol hasta más allá del orbe terrestre se extendería un vasto cementerio de cometas, con luces misteriosas que aparecen en las tardes y las mañanas de los días puros. Los muertos se reconocen en estas claridades-fantasmas, que se dejan atravesar por la luz viva de las estrellas.

¿No serían esos, más bien, los cautivos suplicantes, encadenados desde hace siglos a las barreras de nuestra atmósfera y, requiriendo, en vano, ya sea libertad ya sea hospitalidad? Por medio del primer rayo como del último, el Sol intertropical nos muestra estos pálidos bohemios, que expían tan duramente su visita indiscreta a la gente establecida.

Los cometas son seres verdaderamente fantásticos. Desde la instalación del sistema solar, son millones los que han pasado al perihelio. Abundan en nuestro mundo particular y, sin embargo, más de la mitad escapan a la vista y aun al telescopio. ¿Cuántos de estos nómadas han elegido domicilio entre nosotros?... Tres..., y hasta se podría decir que viven bajo una carpa. Un día de éstos, se levantarán y se irán a reunir con sus tribus innumerables en los espacios imaginarios. En verdad no importa que sea a través de elipses, de parábolas o hipérboles.

Al fin de cuentas, se trata de criaturas inofensivas y graciosas, que a menudo ocupan los primeros lugares en las más bellas noches estrelladas. Si quedan atrapadas en la ratonera como locas y la astronomía también, tanto peor para ella. Son verdaderas pesadillas científicas. ¡Qué contraste con los cuerpos celestes! Los dos extremos del antagonismo, masas aplastantes e imponderabilidades, el exceso de lo gigantesco y el exceso de la nada. Y sin embargo, a propósito de esta nada, Laplace habla de condensación, de vaporización, como si se tratara del primer gas venido. Él asegura que, por los calores del perihelio, los cometas, a la larga, se disipan enteramente en el espacio. ¿En qué se convierten después de esta volatilización? El autor no lo dice y, probablemente, tampoco se inquieta demasiado. Desde que ya no se trata de geometría, procede sumariamente, sin mayores escrúpulos. Ahora bien, por más etérea que pueda y deba ser la sublimación de los astros cabelludos, sin embargo, permanecen como materia. ¿Cuál será su destino? Sin duda, el de retomar más tarde, por el frío, su forma primitiva. Sea. Es la esencia de cometa que reproduce las diafanidades ambulatorias. Pero estas diafanidades, siguiendo a Laplace y a otros autores, son idénticas a las nebulosas fijas.

¡Oh! por ejemplo, ¡alto ahí!, es necesario detener, al pasar, las palabras para verificar su contenido. *Nebulosa* es sospechosa. Es un nombre bien merecido ya que tiene tres sentidos diferentes. Se designa así: 1] una luz blanquecina que se descompone, por fuertes telescopios, en innumerables estrellitas bien apretadas; 2] una claridad pálida, de aspecto apreciable, picada por uno o varios puntitos brillantes, que no se deja resolver en estrellas; 3] los cometas.

La confrontación minuciosa de estas tres individualidades es indispensable. Para la primera, esos cúmulos de estrellitas, ninguna dificultad. De acuerdo. La impugnación se dirige, por entero, a las otras dos. Siguiendo a Laplace, repartidas profusamente en el universo, las nebulosidades forman, en un primer grado de condensación, sea cometas sea nebulosas con puntos brillantes, irreductibles a estrellas y que se transforman en sistemas solares. Explica y describe detalladamente esta transformación.

En cuanto a los cometas, se limita a representarlos como pequeñas nebulosas errantes que no define y que no busca diferenciar, de ningún modo, de las nebulosas en vía de procreación estelar. Al contrario, insiste en el parecido íntimo, que no permite distinguirlas sino por el desplazamiento de los cometas que se ha vuelto visible a los rayos del Sol. En una palabra, en el teles-

copio de Herschell, toma nebulosas irreductibles y hace con
ellas, indiferentemente, sistemas planetarios o cometas. Sólo se
trata de una cuestión de órbitas y de fijación o de irregularidad
en la gravitación. En cuanto al resto, tienen el mismo origen:
"las nebulosidades dispersas en el universo" presentan una constitución similar.

¿Cómo un físico tan importante ha podido asimilar resplan-
dores ajenos, glaciales y vacíos, a inmensas coronas de vapores
ardientes que un día serán soles? Si los cometas fueran de hidrógeno, vaya y pase. Se podría suponer que grandes masas de este
gas, que quedan fuera de las nebulosas-estrellas, erran en libertad a través de la extensión, donde interpretan la obrita de la
gravedad. En tal caso sería un gas frío y oscuro, mientras que las
cunas esteloplanetarias son incandescencias, de tal modo que la
asimilación entre estos dos tipos de nebulosa sería todavía imposible. Pero aun este remedio falla. Comparado con los cometas, el hidrógeno es granito. No puede haber nada en común entre la materia nebulosa de los sistemas estelares y la de los
cometas. Una es fuerza, luz, peso y calor; la otra, nulidad, hielo,
vacío y tinieblas.

Es tan perfecta la similitud de la que habla Laplace entre los
dos géneros de nebulosas que cuesta mucho distinguirlos. ¡Y
qué! ¡Las nebulosas volatilizadas están a distancias inconmensurables, los cometas, casi al alcance de la mano, y de una vana semejanza entre dos cuerpos separados por tales abismos se llega
a la conclusión sobre la identidad de su composición! Pero el cometa es infinitamente pequeño y la nebulosa es casi un universo. Dados semejantes datos, cualquier comparación es una abe-
rración.

Repitamos una vez más que si durante el estado volátil de las
nebulosas, una parte del hidrógeno se sustrae, al mismo tiempo,
a la atracción y a la combustión, para escaparse libremente hacia el espacio y volverse cometa, estos astros entrarían en la
constitución general del universo, donde podrían interpretar,
además, un papel terrible. En un encuentro planetario, impotentes como masa pero inflamados por el choque con el aire y en
contacto con su oxígeno, harían perecer, por el fuego, a todos los
cuerpos organizados, plantas y animales. Pero es opinión unáni-
me que el hidrógeno es a la sustancia cometaria lo que sería un
bloque de mármol al hidrógeno.

Supóngase, ahora, jirones de nebulosidades estelares, errando de sistema en sistema, al compás de los cometas. Al máximo de temperatura, estas acumulaciones volátiles pasarían alrededor nuestro, no como una bruma sutil, apagada y aterida sino como una horrible tromba de luz y calor, que pronto habría interrumpido nuestras polémicas sobre este tema. En cuanto a los cometas, la incertidumbre se eterniza. Ni las discusiones ni las conjeturas llegan a concluir nada. Sin embargo, algunos puntos parecen aclarados. De manera que la unidad de la sustancia cometaria no plantea ninguna duda. Constituye un cuerpo simple, que nunca ha presentado variantes en sus apariciones, ya tan numerosas. Constantemente, se encuentra esa misma tenuidad elástica y dilatable hasta el vacío, esa traslucidez absoluta que en nada molesta el pasaje de las luces mínimas.

Los cometas no son ni éter, ni gas, ni líquido, ni sólido, ni nada parecido a aquello que constituye los cuerpos celestes sino una sustancia indefinible; no parecen tener ninguna de las propiedades de la materia conocida y tampoco existen fuera del rayo solar que los saca durante un minuto de la nada, para dejarlos caer allí de nuevo. Separación radical entre este enigma sideral y los sistemas estelares que son el universo. Son dos modos de existencia aislados, dos categorías de la materia totalmente distintas y sin otro vínculo que una gravitación desordenada, casi loca. No cuentan para nada en la descripción del mundo. No son nada, no hacen nada, tienen un solo papel, el de enigma.

Con estas exageradas dilataciones del perihelio y las contracciones heladas del afelio, ese astro fatuo representa un gigante de las mil y una noches, envasado por Salomón y, dada la ocasión, esparciéndose poco a poco fuera de su prisión, en una inmensa nube, adquiriendo una figura humana para luego, revaporizarse y retomar el camino del cuello hasta desaparecer en el fondo de la botella. Un cometa es una onza de niebla que ocupa un mil millones de leguas cúbicas primero, luego una vasija.

Terminados, estos pequeños juegos dejan abierto el debate sobre la siguiente cuestión: "¿Todas las nebulosas son montones de estrellas adultas o haría falta concebir, entre algunas de ellas, fetos de estrellas, ya sea simples ya sea múltiples?" Esta cuestión admite sólo dos jueces, el telescopio y el análisis espectral. Pidámosles una imparcialidad estricta, sobre todo cuidado con la oculta influencia de los grandes nombres. Parece que la espectrometría, en efecto, se inclina un poco hacia hallar resultados conformes con la teoría de Laplace.

La complacencia ante los errores posibles del ilustre matemático es bastante menos útil que esos sondeos de su teoría en el conocimiento actual del sistema solar, una fuerza capaz de resistir incluso al telescopio y al análisis espectral, lo que no es poco decir. Es la única explicación racional y razonable de la mecánica planetaria y, seguramente, no sucumbiría sino ante argumentos irresistibles...

VI

ORIGEN DE LOS MUNDOS

Sin embargo, esta teoría presenta un aspecto débil... siempre el mismo, la cuestión del origen, que esta vez se esquiva por medio de una reticencia. Desgraciadamente, omitir no es resolver. Laplace trató la dificultad con destreza, legándosela a otros. En cuanto a él, había apartado su hipótesis de este obstáculo para que siguiera su propio camino. Sólo a medias la gravitación explica el universo. En sus movimientos, los cuerpos celestes obedecen a dos fuerzas, la fuerza centrípeta o gravedad, que los hace caer o los atrae entre sí, y la fuerza centrífuga que, en línea recta, los impulsa hacia adelante. De la combinación de estas dos fuerzas resulta la circulación más o menos elíptica de todos los astros. Por la supresión de la fuerza centrífuga, la Tierra caería en el Sol. Por la supresión de la fuerza centrípeta, se escaparía de su órbita siguiendo la tangente y huiría justo delante de ella.

Se conoce que la atracción o gravitación es la fuente de la fuerza centrípeta. Sigue siendo un misterio el origen de la fuerza centrífuga. Laplace dejó de lado este escollo. En su teoría, el movimiento de traslación, en otras palabras, la fuerza centrífuga, tiene como origen la rotación de la nebulosa. Sin duda alguna, esta hipótesis es la verdad, ya que es imposible dar una explicación más satisfactoria de los fenómenos que presenta nuestro grupo planetario. Sólo podría preguntársele al ilustre geómetra: "¿De dónde venía la rotación de la nebulosa? ¿De dónde venía el calor que había volatilizado esta masa gigantesca, condensada posteriormente en un Sol rodeado de planetas?"

¡El calor!, se diría que sólo sería necesario bajarse y tomarlo del espacio. Sí, una temperatura de 270 grados bajo cero. ¿Es ese calor que quiere Laplace cuando dice que *en virtud de un calor excesivo, la atmósfera del sol se extendía primitivamente más allá de los orbes de todos los planetas*? Constata, de acuerdo con Herschell, la existencia de nebulosidades, en gran número, primero difusas al punto de ser apenas visibles y que llegan, por una serie de condensaciones, al estado de estrellas. Ahora bien, esas estrellas son globos gigantescos en plena incandescencia como el Sol, lo que acusa un calor ya muy respetable. ¡Cuál no sería su temperatura cuando, completamente reducidas a vapores, estas masas enormes se dilataban a tal grado de volatilización que sólo ofrecían a la vista una nebulosidad apenas perceptible!

Precisamente, son estas nebulosidades las que representa Laplace como distribuidas profusamente en el universo, dando nacimiento tanto a los cometas como a los sistemas estelares. Aserción inadmisible, como lo hemos demostrado a propósito de la sustancia cometaria, que no puede tener nada en común con la de las nebulosas-estrellas. Si estas sustancias fueran semejantes, los cometas se habrían mezclado con las materias estelares, en todas partes y para siempre, a fin de compartir su existencia y no harían bando aparte, ajenos constantemente a todos los otros astros, por su inconsistencia, por sus costumbres vagabundas, por la unidad absoluta de sustancia que los caracteriza.

Laplace tiene toda la razón al decir: "Se desciende así, por el progreso de la condensación de la materia nebulosa, a la consideración del Sol, rodeado en otros tiempos por una vasta atmósfera, consideración a la que se remonta, como ya lo habíamos visto, por el examen de los fenómenos del sistema solar. Un encuentro tan notable da a la existencia de este estado anterior del Sol, una probabilidad muy próxima a la certeza."

Por el contrario, nada más falso que la asimilación de los cometas, inanidades imponderables y heladas, a las nebulosas estelares que representan las partes masivas de la naturaleza, llevadas por la volatilización al *máximo* de temperatura y de luz. Seguramente, los cometas son un enigma desesperante porque, permaneciendo inexplicables cuando todo el resto se explica, se vuelven un obstáculo casi insuperable para el conocimiento del universo. Pero no se triunfa sobre un obstáculo por medio de un absurdo. Más vale sacrificar una parte y asignarles a estas impalpabilidades una existencia especial, además de la materia propiamente dicha, que bien puede actuar sobre ellas por gravitación, pero sin mezclarse ni sufrir su influencia. Por más que sean fugaces, inestables, siempre sin mañana, se los conoce por una sustancia simple, una, invariable, inaccesible a toda modificación, pudiendo separarse, reunirse, formar masas o desgarrarse en jirones, sin cambiar jamás. No intervienen, en consecuencia, en el perpetuo devenir de la naturaleza. Consolémonos de este logogrifo por la nulidad de su función. La cuestión de los orígenes es mucho más seria. Laplace no le dio importancia o, más bien, no la tomó en cuenta y no se dignó o no se animó siquiera a mencionarla. Herschell, por medio de su telescopio, ha constatado en el espacio numerosos montones de materia nebulosa, en diferentes grados de difusión, montones que, por enfriamientos progresivos, culminan en estrellas. El ilustre geómetra cuenta y explica muy bien las transformaciones. Pero del origen de estas nebulosidades, ni una palabra. Uno se pregunta, naturalmente: "Estas nebulosas, que un frío relativo dirige al estado de soles y de planetas, ¿de dónde vienen?"

Según ciertas teorías, existiría en la extensión una materia caótica que, gracias al concurso del calor y de la atracción, se aglomeraría para formar las nebulosas planetarias. ¿Por qué y desde cuándo esta materia caótica? ¿De dónde sale este calor extraordinario que viene a contribuir a la tarea? Al no formularlas, son tantas las preguntas que dispensan ser contestadas.

No es necesario decir que la materia caótica, constituyendo las estrellas modernas, constituyó también las antiguas, de ahí que el universo no se remonte más allá de las viejas estrellas en pie. Se atribuye voluntariamente duraciones inmensas a estos astros; pero sobre su comienzo, ninguna otra novedad que la aglomeración de la materia caótica y sobre su fin, silencio. La broma común a estas teorías es el establecimiento de una fábrica de calor a discreción en los espacios imaginarios, para proporcionar la volatilización indefinida a todas las nebulosas y a todas las materias caóticas posibles.

Laplace, escrupuloso geómetra como es, es un físico poco riguroso. Vaporiza sin miramientos, *en virtud de un calor excesivo*. Una vez dada la nebulosa que se condensa, puede ser seguida con admiración en el cuadro del nacimiento sucesivo de los planetas y de sus satélites por los progresos del enfriamiento. Pero sin origen, atraída desde todas partes, no se sabe ni cómo ni porqué, esta materia nebulosa es también un singular enfriador del entusiasmo. Verdaderamente, no conviene dejar sentado a su lector sobre una hipótesis apoyada en el vacío y dejarlo ahí plantado.

El calor, la luz, no se acumulan en el espacio, es ahí donde se disipan. Tienen una fuente que se agota. Todos los cuerpos celestes se enfrían por la radiación. Las estrellas, incandescencias formidables al principio, terminan por ser una congelación negra. Nuestros mares eran antes un océano de llamas. No son más que agua. Apagado el Sol, serán un bloque de hielo. Las cosmogonías que pretenden explicar el mundo de ayer habrían creído que los astros se pueden quemar en el primer aceite. ¿Después? Sólo tienen una existencia limitada, estos millones de estrellas, iluminación de nuestras noches. Empezaron en el incendio, terminarán en el frío y en las tinieblas.

¿Basta con decir: "Siempre durará esto más que nosotros? Tomemos lo que sea. *Carpe diem.* ¡Qué importa lo que ha precedido! ¿Qué importa lo que vendrá? ¡Antes y después de nosotros el diluvio!" No, el enigma del universo está, en permanencia, frente a cada pensamiento. El espíritu humano quiere descifrarlo a cualquier precio. Al escribir estas palabras, Laplace estaba encaminado: "Vista desde el Sol, la Luna parece describir una serie de epicicloides, cuyos centros están sobre la circunferencia del orbe terrestre. Del mismo modo, la Tierra describe una serie de epicicloides, cuyos centros están sobre la curva que el Sol describe alrededor del centro de gravedad del grupo de estrellas del que forma parte. En fin, el Sol mismo describe una serie de epicicloides cuyos centros se encuentran sobre la curva descrita por el centro de gravedad de este grupo alrededor de aquel del universo."

"*¡Del universo!*" es mucho decir. Este pretendido centro del universo, con el inmenso cortejo que gravita alrededor suyo, no es más que un punto imperceptible en la extensión. Sin embargo, Laplace iba bien encaminado hacia la verdad y casi tocaba la clave del enigma. Sólo que esta palabra: "*¡Del universo!*" prueba que la tocaba sin verla, o al menos sin mirarla. Era un ultramatemático. Hasta la médula de los huesos tenía la convicción de una armonía y de una solidez inalterables de la mecánica celeste. Sólido, muy-sólido, sea. Sin embargo, es necesario distinguir entre el universo y un reloj.

Cuando un reloj se desarregla, se repara. Cuando se deteriora, se arregla. Cuando se gasta, se lo remplaza. Pero los cuerpos celestes, ¿quién los repara o los renueva? Esos globos de llamas, tan espléndidos representantes de la materia, ¿gozan del privilegio de la perennidad? No, la materia es sólo eterna en sus elementos y en su conjunto. Todas sus formas, humildes o sublimes, son transitorias o perescibles. Los astros nacen, brillan, se apagan y, sobreviviendo millares de siglos, quizá cuando su esplendor se haya desvanecido, no dejan libradas a las leyes de la gravedad sino tumbas flotantes. ¡Cuántos miles de millones de estos cadáveres congelados trepan así en la noche del espacio esperando la hora de la destrucción, que será, al mismo tiempo, la de la resurrección! Porque los muertos de la materia, sea cual sea su condición, todos vuelven a la vida. Si para los astros terminados es larga la noche en la tumba, llega un momento cuando su llama se realumbra como un rayo. En la superficie de los planetas, bajo los rayos solares, la forma que muere se desagrega pronto, para restituir sus elementos en una forma nueva. Las metamorfosis se suceden sin interrupción. Pero, cuando un Sol se apaga helado, ¿quién le devolverá el calor y la luz? Sólo puede renacer como Sol. Da la vida a miríadas de seres diversos. Sólo la puede transmitir a sus hijos por matrimonio. ¿Cuáles pueden ser las bodas y los alumbramientos de estos gigantes de la luz?

Cuando luego de millones de siglos, uno de esos inmensos remolinos de estrellas que nacen, gravitan y mueren juntas, acaba de recorrer las regiones del espacio abierto delante de sí, se choca sobre sus fronteras contra otros remolinos apagados, que vienen a su encuentro. Durando años innumerables, se inicia un enfrentamiento furioso, sobre un campo de batalla de miles de millones de miles de millones de leguas de extensión. Esta parte del universo es sólo una vasta atmósfera de llamas surcadas sin descanso por el rayo de conflagraciones que volatilizan instantáneamente estrellas y planetas.

Este pandemónium no suspende ni un instante su obediencia a las leyes de la naturaleza. Los choques sucesivos reducen las masas sólidas al estado de vapores, recuperados enseguida por la gravedad que los agrupa en nebulosas que dan vuelta sobre sí mismas por impulso del choque, y las lanza en una circulación regular alrededor de centros nuevos. Entonces, los observadores lejanos pueden, a través de sus telescopios, contemplar el teatro de sus grandes revoluciones, bajo el aspecto de una luz pálida, mezclada con puntos más luminosos. La luz es sólo una mancha, pero esta mancha es un pueblo de globos que resucitan.

Primero, cada uno de estos recién nacidos vivirá su infancia solitaria, nube abrazada y tumultuosa. Con el tiempo, más calmo, el joven astro desprenderá poco a poco de su seno una familia numerosa, que se enfriará enseguida por el aislamiento, viviendo sólo del calor paternal. Será el único representante en el mundo que sólo se conocerá a sí mismo y jamás advertirá a sus hijos. Es ése nuestro sistema planetario y habitamos una de sus hijitas, a la que sólo sigue una hermana, Venus, y un hermanito, Mercurio, el último en salir del nido. ¿Será así, exactamente, que renacen los mundos? No sé. Puede ser que las legiones muertas que se chocan para recuperar la vida, sean menos numerosas, el campo de la resurrección menos vasto. Pero, es cierto, se trata sólo de una cuestión de cifra y de extensión, no de medio. Que el encuentro tenga lugar ya sea entre dos grupos estelares simplemente, sea entre dos sistemas donde cada estrella, con su cortejo, sólo juega el papel de planeta, sea todavía entre dos centros donde no es más que un modesto satélite, sea entre dos fuegos que representan un rincón del universo, a nadie le estará permitido decidir con conocimiento de causa. La única afirmación legítima es la siguiente:

La materia no llegaría a disminuir ni a crecer ni en un átomo. Las estrellas sólo son antorchas efímeras. Entonces, una vez apagadas, si no se vuelven a alumbrar, la noche y la muerte, en un tiempo dado, se hacen cargo del universo. Por lo tanto, ¿cómo podrían volver a alumbrarse sino por el movimiento transformado en calor en proporciones gigantescas, es decir, por un entrechocarse que las volatiliza y las reclama a una nueva existencia? Que no se llegue a objetar que, por su transformación en calor, el movimiento se aniquilará y desde entonces los globos quedarán inmóviles. El movimiento es sólo resultado de la atracción y la atracción es imperecedera, como propiedad permanente de todos los cuerpos. Súbitamente, el movimiento renace del choque mismo, quizá en nuevas direcciones, pero será efecto siempre de la misma causa, la gravedad.

¿Diría usted que atentan contra las leyes de la gravitación estos trastornos? Usted no sabe nada, ni yo tampoco. Nuestro único recurso sería consultar la analogía que nos responde: "Desde hace siglos, los meteoritos caen por millones sobre nuestro globo y, sin ninguna duda, sobre los planetas de todos los sistemas estelares. Tal como usted entiende, se trata de una falta grave con respecto a la atracción. De hecho, se trata de una forma de atracción que usted desconoce, o, más bien, que usted desdeña, porque se aplica a los asteroides y no a los astros. Después de haber gravitado durante millares de años según todas las reglas, un buen día, violando la regla, han penetrado en la atmósfera y han transformado el movimiento en calor, por su fusión o su volatilización, por el frotamiento del aire. Lo que ocurre a los pequeños puede y debe pasar con los grandes. Conduzca usted la gravitación al tribunal del *Observatorio*, por haber precipitado o dejado caer sobre la Tierra, maliciosa e ilegítimamente, los aerolitos que se les había confiado para mantenerlos de paseo en el vacío."

Sí, la gravitación los ha dejado, los deja y los dejará caer, como golpea, ha golpeado y golpeará, unos contra otros, viejos planetas, viejas estrellas, viejas difuntas en fin, caminando lúgubremente en un viejo cementerio. Ahí los difuntos estallan como un fuego de artificio y las llamaradas resplandecen para iluminar el mundo. Si a usted no le conviene el medio, encuentre usted otro mejor. Pero tenga cuidado. Las estrellas sólo tienen un tiempo y, reuniéndose con sus planetas, son toda la materia. Si usted no las resucita, el universo se termina. Por lo demás, continuaremos nuestra demostración de todos modos, mayor y menor, sin temor a las repeticiones. El tema vale la pena. Saber o ignorar cómo subsiste el universo no es indiferente.

De manera que, hasta que se pruebe lo contrario, los astros se apagan de vejez y se vuelven a alumbrar por un choque. Éste es el modo de transformación de la materia en las individualidades siderales. ¿Por cuál otro procedimiento podrían obedecer a la ley común del cambio y sustraerse a la inmovilización eterna? Laplace dice: "existen en el espacio cuerpos oscuros, tan considerables y, tal vez, también tan numerosos como las estrellas". Estos cuerpos son simplemente las estrellas apagadas. ¿Están condenadas a la perpetuidad cadavérica? Y todas las vivas, sin excepción, ¿irán a reunírseles para siempre? ¿Cómo proveer estas vacantes?

Es poco verosímil el origen que Laplace les da, vagamente, a las nebulosas estelares. Sería una agregación de nebulosidades, de nubes cósmicas volatilizadas, agregación formada incesantemente en el espacio. ¿Pero cómo? El espacio es en todas partes tal como lo vemos, frialdad y tinieblas. Los sistemas estelares

son masas enormes de materia: ¿De dónde salen?, ¿del vacío?
Estas improvisaciones de nebulosidades no son aceptables.
En cuanto a la materia caótica, no debería reaparecer en el siglo XIX. No existió jamás, ni existirá jamás la sombra de un caos
en ninguna parte. La organización del universo existe por toda la
eternidad. Nunca varió ni un pelo, ni descansó un segundo. No
hay ningún caos, ni siquiera sobre esos campos de batalla donde
miles de millones de estrellas se chocan y se enardecen durante
una serie de siglos, para volver a hacer vivos con los muertos. La
ley de atracción preside estas refundiciones centelleantes, con
tanto rigor como las apacibles evoluciones de la Luna.

Son raros estos cataclismos en todos los cantones del universo ya que los nacimientos no suelen exceder a los fallecimientos
en el estado civil del infinito y sus habitantes gozan de una muy
buena longevidad. La extensión, libre en su ruta, es más que suficiente para su existencia y la hora de la muerte llega bastante
antes que el fin del recorrido. El infinito no es pobre ni en tiempo ni en espacio. Los distribuye en justa y larga proporción a sus
pueblos. Ignoramos el tiempo asignado, pero es posible hacerse
una idea del espacio por la distancia de las estrellas, nuestras ve-
cinas.

El intervalo mínimo que nos separa es de diez mil miles de
millones de leguas, un abismo. ¿No es esa una vía magnífica y
bastante espaciosa para transitar con toda seguridad? Nuestro
Sol tiene sus flancos asegurados. Sin duda, su esfera de actividad debe tocar la de las atracciones más próximas. No hay campos neutros para la gravitación. Aquí, nos faltan datos. Conoce-
mos nuestro entorno. Sería interesante determinar los de estos
fuegos luminosos cuyas esferas de atracción son limítrofes a la
nuestra y de ordenarlas alrededor de ella, como se encierra una
bala entre otras balas. De tal manera, nuestro dominio en el universo se encontraría en catastro. La cosa es imposible, si no ya
se habría hecho. Desgraciadamente, no se van a medir las paralajes a bordo de Júpiter o de Saturno.

Es indiscutible, nuestro Sol anda según su movimiento de rotación. Circula junto con millares y, tal vez, millones de estrellas
que nos envuelven y son de nuestro ejército. Viaja desde hace siglos, e ignoramos su itinerario pasado, presente y futuro. El período histórico de la humanidad data ya de seis mil años. Ya se
observaba, en Egipto, desde esos tiempos remotos. Salvo un des-

plazamiento de las constelaciones zodiacales, debido a la precesión de los equinoccios, no se ha constatado ningún cambio en el aspecto del cielo. En seis mil años, nuestro sistema podría haberse encaminado en cualquier dirección. Para un caminante mediocre como nuestro globo, seis mil años es la quinta parte de la ruta hasta Sirio. Ni un indicio, nada. Sigue siendo una hipótesis el acercamiento a la constelación de Hércules. Estamos fijos en este lugar, las estrellas también. Y, sin embargo, marchamos juntos hacia un mismo fin. Son nuestras contemporáneas, nuestras compañeras de viaje y de ahí, tal vez provenga su aparente inmovilidad: avanzamos juntos. El camino será largo, el tiempo también, hasta la hora de las vejeces, luego de las muertes y, por fin, de las resurrecciones. Pero este tiempo y este camino delante del infinito, es un puntito, ni una milésima de segundo. La eternidad no distingue entre la estrella y lo efímero. ¿Qué son estos miles de millones de soles sucediéndose a través de los siglos y del espacio? Una lluvia de chispas. Esta lluvia fecunda el universo.

Por eso, la renovación de mundos por el choque y la volatilización de las estrellas difuntas se realiza a cada minuto en los campos del infinito. Según se considere el universo o una sola de esas regiones son innumerables y raras, a la vez, estas conflagraciones gigantescas. ¿Qué otro medio podría suplirlas para el mantenimiento de la vida en general? Las nebulosas-cometas son fantasmas, las nebulosidades estelares, coligadas no se sabe cómo, son quimeras. En la extensión no hay más que astros, pequeños y grandes, niños, adultos o muertos y toda su existencia está al día. Niños, son las nebulosas volatilizadas; adultos, son las estrellas y sus planetas; muertos, son sus cadáveres tenebrosos.

El calor, la luz, el movimiento, son fuerzas de la materia y no la materia en sí misma. La atracción, que precipita en una carrera incesante tantos millares de globos, no podría agregar un átomo. Pero es la gran fuerza fecundadora, la fuerza inagotable que no disminuye ninguna prodigalidad, ya que es propiedad común y permanente de los cuerpos. Pone en movimiento toda la mecánica celeste y lanza los mundos a sus peregrinaciones sin fin. Es suficientemente rica como para dar, a la revivificación de los astros, el movimiento que el choque transforma en calor.

Estos encuentros de cadáveres siderales que se chocan, hasta la resurrección, bien parecerían una perturbación del orden.

¡Una perturbación! Pero ¿qué ocurriría si los viejos soles muertos, con sus rosarios de planetas difuntos, continuaran indefinidamente su procesión fúnebre, prolongada cada noche por nuevos funerales? Se apagarían una tras otra, como faroles de una iluminación, todas estas fuentes de luz y de vida que brillan en el firmamento. La noche eterna caería sobre el universo. Las altas temperaturas iniciales de la materia no pueden tener otra fuente que el movimiento, fuerza permanente de la que provienen todas las demás. Esta obra sublime, la eclosión de un Sol, sólo pertenece a la fuerza reina. Todo otro origen es imposible. Sólo la gravitación renueva los mundos, de la misma manera que los dirige y los mantiene: por el movimiento. Es casi una verdad por instinto, tanto como por razonamiento o por experiencia.

Todos los días tenemos la experiencia ante nuestros ojos, es a nosotros a quienes corresponde mirarla y sacar conclusiones. ¿Si no es la imagen en miniatura de la creación de un Sol por el movimiento transformado en calor, qué es un aerolito que se inflama y se volatiliza surcando el aire? ¿Acaso no es también un desorden, este corpúsculo desviado de su curso para invadir la atmósfera? ¿Qué tenía que hacer de normal ahí? Y entre estas nubes de asteroides, huyendo a una velocidad planetaria sobre la vía de su órbita, ¿por qué la desviación de uno solo en lugar de la de todos?¿Dónde está el buen gobierno en todo esto?

Ni un punto donde no estalle incesantemente la perturbación de esta pretendida armonía, que sería el marasmo y pronto la descomposición. Las leyes de la gravedad tienen, por millones, estos corolarios inesperados, de donde surgen, aquí una estrella fugaz, allá una estrella sol. ¿Por qué excluirlas de la armonía general? ¡Estos accidentes disgustan y así hemos nacido! Son los antagonistas de la muerte, las fuentes siempre abiertas de la vida universal. La gravitación reconstruye y repuebla los globos por un fracaso permanente a su buen orden. Los dejaría desaparecer en la nada ese proclamado buen orden.

El universo es eterno, los astros son perecederos y, como forman toda la materia, cada uno de ellos ha pasado por miles de millones de existencias. Por estos choques resucitadores, la gravitación los divide, los mezcla, los amasa incesantemente, aunque no haya ni uno solo que no sea un compuesto del polvo de todos los demás. Cada pulgada del terreno que pisamos formó parte del universo entero. Pero es sólo un testigo mudo, que no cuenta lo que ha visto en la Eternidad.

Revelando la presencia de varios *cuerpos simples* en las estrellas, el análisis espectral ha dicho sólo una parte de la verdad. Con los progresos de la experimentación, dice el resto poco a poco. Dos observaciones importantes. Las densidades de nuestros planetas difieren. Pero la del Sol es el resumen proporcional muy preciso, de ahí que permanezca como representante fiel de la nebulosa primitiva. Sin duda, el mismo fenómeno en todas las estrellas. Cuando los astros se volatilizan por un encuentro sideral, todas las sustancias se confunden en una masa gaseosa que surge del golpe. Luego se clasifican lentamente, según la ley de la gravedad, por el trabajo de organización de la nebulosa.

En cada sistema estelar, las densidades deben escalonarse según el mismo orden, de manera que los planetas se asemejen, no porque pertenezcan al mismo Sol, sino si su rango se corresponde en cada uno de todos los grupos. En efecto, poseen entonces condiciones idénticas de calor, de luz y de densidad. En cuanto a las estrellas, su constitución es seguramente semejante, porque reproducen las mezclas producidas, miles de millones de veces, por el choque y la volatilización. Los planetas, al contrario, representan la distribución realizada por la diferencia y la clasificación de las densidades. Es cierto, la mezcla de los elementos estelo-planetarios, preparada por el infinito, es mucho más completa e íntima que la de las drogas que fueran sometidas, durante cien años, al pilón continuo de tres generaciones de farmacéuticos.

Pero escucho las voces que protestan: "¿De dónde sale ese derecho a suponer que en los cielos se produce esta tormenta perpetua que devora los astros, bajo pretexto de refundición y que inflige un desmentido tan extraño a la regularidad de la gravitación?" "¿Dónde están las pruebas de estos choques, de estas conflagraciones resurreccionistas?" Los hombres siempre han admirado la majestad imponente de los movimientos celestes y ¡se querría remplazar un orden tan hermoso por el desorden en permanencia! ¿Quién ha advertido nunca en parte alguna el menor síntoma de semejante caos?

Los astrónomos se muestran unánimes en proclamar la invariabilidad de los fenómenos de atracción. Es una prenda absoluta de estabilidad, de seguridad, en la confesión de todos y, ahora, surgen teorías que pretenden erigirla en instrumento de cataclismos. La experiencia de los siglos y el testimonio universal rechazan con energía semejantes alucinaciones.

"Hasta ahora los cambios observados en las estrellas son sólo irregularidades, casi todas periódicas, por eso excluyentes de la idea de catástrofe. La estrella de la constelación de Casiopea en 1572, la de Kepler en 1604, brillaron sólo con un resplandor temporario, circunstancia inconciliable con la hipótesis de una volatilización. El universo parece muy tranquilo y sigue su camino sin hacer ruido. Desde hace cinco a seis mil años, la humanidad observa el espectáculo del cielo. No se ha comprobado ninguna perturbación seria. Los cometas sólo han provocado miedo sin daño. ¡Seis mil años, es algo! Es algo también, tanto como el campo del telescopio. Ni el tiempo, ni la extensión mostraron nada. Estas perturbaciones gigantescas son sueños."

No se ha visto nada, es cierto, pero porque no es posible ver nada. Aunque frecuentes en la extensión, estas escenas no tienen público en ninguna parte. Las observaciones realizadas sobre los astros luminosos sólo conciernen a las estrellas de nuestra provincia celeste, contemporáneas y compañeras del Sol, asociadas en consecuencia a su destino. No es posible deducir, de la calma de nuestros parajes, la monótona tranquilidad del universo. Jamás tienen testigos las conflagraciones renovadoras. Si se las advierte, es en la punta de un catalejo que las muestra bajo el aspecto de una luz casi imperceptible. Son miles las que el telescopio revela de esta manera. Cuando nuestra provincia se convierta, a su vez, en el teatro de esos dramas, desde tiempo atrás las poblaciones ya se habrán mudado.

Sólo son fenómenos secundarios los incidentes de Casiopea en 1572, de la estrella de Kepler en 1604. Uno es libre de atribuirlos a una erupción de hidrógeno o a la caída de un cometa, que se habrá precipitado sobre una estrella como un vaso de aceite o de alcohol en un brasero, provocando una explosión de llamas efímeras. En este último caso, los cometas serían un gas combustible. ¿Quién lo sabe y a quién le importa? Newton creía que alimentaban el Sol. ¿Se quiere generalizar la hipótesis y considerar que estas pelucas vagabundas serían la alimentación reglamentaria de las estrellas? ¡Escaso menú!, incapaz de encender o de volver a encender estas antorchas del mundo.

De modo que el problema del nacimiento y de la muerte de

los astros luminosos permanece siempre. ¿Quién ha podido inflamarlos y, cuando cesan de brillar, quién los remplaza? No se puede crear ni un átomo de materia y, si las estrellas muertas no vuelven a alumbrar, el universo se apaga. Desafío a que alguien pueda resolver este dilema: "O la resurrección de las estrellas, o la muerte universal..." Es la tercera vez que lo repito. Además, el mundo sideral está vivo, bien vivo, y como cada estrella sólo tiene en la vida general la duración de un relámpago, todos los astros terminaron y recomenzaron miles de millones de veces. Ya dije cómo. Y bien, la idea de colisiones entre los globos, que recorren el espacio con la violencia del rayo, se considera extraordinaria. Más extraordinario es ese asombro. Porque en realidad, estos globos corren por encima y sólo evitan el choque sesgándose. No siempre es posible sesgarse. El que busca encuentra.

Por todo lo que precede, uno tiene el derecho de llegar a la conclusión de la unidad de composición del universo, lo que no quiere decir "de la unidad de la sustancia". Los 64..., digamos los cien *cuerpos simples*, que forman nuestra Tierra, constituyen igualmente, sin distinción, todos los globos menos los cometas que continúan siendo un mito indescifrable e indiferente y que además no son globos. Por lo tanto, la naturaleza tiene poca variedad de materiales. Es verdad que les sabe sacar partido y cuando uno la ve, de dos *cuerpos simples*, el hidrógeno y el oxígeno, hacer el fuego, el agua, el vapor, el hielo, según, uno se queda bastante estupefacto. La química sabe mucho sobre este tema aunque se encuentre lejos de saberlo todo. Sin embargo, a pesar de tanta potencia, cien elementos son un margen muy estrecho cuando la obra es un infinito. Vayamos a los hechos.

Todos los cuerpos celestes, sin excepción, tienen un mismo origen, el enardecimiento al entrechocarse. Cada estrella es un sistema solar, que sale de una nebulosa volatilizada por el encuentro. Constituye el centro de un grupo de planetas ya formados o en vía de formación. El papel de la estrella es simple: fuego de luz y de calor que se alumbra, brilla y se apaga. Consolidados por el enfriamiento, los planetas poseen solos el privilegio de la vida orgánica que nutre su fuente en el calor y la luz del fuego y se apaga con él. Son idénticos la composición y el mecanismo de todos los astros. Solamente varían el volumen, la forma y la densidad. El universo entero se instala, anda y vive según este plan. Nada más uniforme.

VII

ANÁLISIS Y SÍNTESIS DEL UNIVERSO

Aquí entramos directamente en la oscuridad del lenguaje, véase aquí plantearse la cuestión oscura. No se manosea el infinito con la palabra. Será permitido, por lo tanto, reiterar este pensamiento varias veces. La necesidad es la excusa de las repeticiones. El primer desacuerdo se produce por encontrarse codo con codo con una aritmética rica, muy rica en nombres de número, una riqueza bastante ridícula en sus formas, desafortunadamente. Los trillones, cuatrillones, sextillones, etc., son grotescos y, además, dicen menos a la mayoría de los lectores que una palabra vulgar a la que uno está acostumbrado y que es la expresión por excelencia de las grandes cantidades: *Mil millones*. Sin embargo, en astronomía, esta palabra es poca cosa y, tratándose del infinito, es casi cero. Por desgracia, precisamente, cuando se trata de infinito aparece con toda autoridad; miente entonces más allá de lo posible, miente todavía cuando se trata simplemente de *indefinido*. En las páginas siguientes, a todas las cifras, único lenguaje disponible, les falta justeza o están vacías de sentido. No es su falta ni la mía, es la falta del tema. La aritmética no le va.

La naturaleza tiene a mano cien *cuerpos simples* para forjar todas sus obras y ponerlas en un molde uniforme: "el sistema estelo-planetario". Solo hay que construir sistemas solares y cien *cuerpos simples* para todos los materiales, mucha tarea y pocos útiles. Es cierto, con un plan tan monótono y elementos tan poco variados, no es fácil crear combinaciones diferentes, que alcancen a poblar el infinito. Se hace indispensable recurrir a las *repeticiones*.

Se pretende que la naturaleza no se repite jamás y que no existen dos hombres, ni dos hojas semejantes. En rigor, eso es posible entre los hombres de nuestra Tierra, cuya cifra total, bastante restringida, se reparte entre varias razas. Pero existen miles de hojas de roble exactamente semejantes y granos de arena por miles de millones.

Seguramente, los cien *cuerpos simples* pueden proporcionar un número alarmante de combinaciones estelo-planetarias *diferentes*. Las X y las Y se apartarían con pena de este cálculo. En suma, su número no es ni siquiera indefinido, tiene fin. Hay un límite fijo. Una vez alcanzado, está prohibido ir más lejos. Este límite se vuelve el del universo, de ahí que no sea infinito. Los cuerpos celestes, a pesar de su inenarrable multitud, no ocuparían más que un punto en el espacio. ¿Es admisible? La materia es eterna. No se puede concebir un solo instante que no se haya constituido en globos regulares, sometidos a las leyes de la gravitación ¡y este privilegio sería el atributo de algunos esbozos perdidos en medio del vacío! ¡Una choza en el infinito! Es absurdo. Al principio planteamos la infinitud del universo, consecuencia de la infinitud del espacio.

Ahora bien, la naturaleza no puede hacer lo imposible. Visible en todas partes, la uniformidad de su método desmiente la hipótesis de creaciones *infinitas*, exclusivamente *originales*. La cifra está limitada de derecho por el número muy limitado de los *cuerpos simples*. En cierto sentido son *combinaciones-tipos*, cuyas *repeticiones* sin fin colman la extensión. *Diferentes, diferenciadas, distintas, primordiales, originales, especiales*, todas estas palabras expresan la misma idea y son sinónimos de *combinaciones-tipos* para nosotros. La fijación de su número le correspondería al álgebra, si el problema no quedara indeterminado en la especie, dicho de otro modo, insoluble, por falta de datos. Además, esta indeterminación no sería equivalente ni concluiría en el infinito. Cada uno de los *cuerpos simples* constituye, sin duda, una cantidad infinita ya que forman por sí solos toda la materia. Pero no es infinita la variedad de estos elementos, que no superan los cien. Si fueran mil, y no lo son, el número de *combinaciones-tipos* aumentaría hasta lo fabuloso pero, desde que no al infinito, se volvería insignificante en su presencia. Quedaría demostrada de esta manera su impotencia para poblar la extensión con *tipos originales*.

Por lo menos asegura un punto: el universo tiene por unidad orgánica el grupo *estelo-planetario* o simplemente *estelar*, o *planetario*, o bien *solar*, cuatro nombres igualmente convenientes y de una misma significación. Está formado por una serie infinita de estos sistemas, procedentes todos de una nebulosa volatilizada, condensada en Sol y planetas. Estos últimos cuerpos, sucesivamente enfriados, circulan alrededor del fuego central, que la enormidad de su volumen mantiene en combustión. Deben moverse entonces en el límite de atracción de su sol y no podrían superar la circunferencia de la nebulosa primitiva que los ha engendrado. De manera que se encuentran muy restringidos en número. Éste depende de la medida original de la nebulosa. En la nuestra, es posible contar nueve: Mercurio, Venus, la Tierra (Marte, el planeta abortado), representado por sus migajas, Júpiter, Saturno, Urano, Neptuno. Por la admisión de tres desconocidos, contemos hasta una docena. Su separación crece en tal progresión que se vuelve difícil extender más lejos los límites de nuestro grupo.

Sin duda, los otros sistemas estelares varían de tamaño pero en proporciones estrictamente circunscritas por las leyes del equilibrio. Se supone que Sirio sea ciento cincuenta veces más grande que nuestro Sol. Pero, ¿qué se sabe? Hasta aquí sólo hay paralajes problemáticas, sin valor. Además, dado que el telescopio no agranda las estrellas, el ojo sólo puede apreciarlas y sólo puede estimar apariencias que dependen de causas diversas. Entonces no se sabe a título de qué sería permitido asignarles varias medidas o cualquier medida. Son soles, eso es todo. Si el nuestro gobierna doce astros como máximo, ¿por qué sus cofrades tendrían reinos mucho mayores? –"¿Por qué no?", se podría responder. Y, de hecho, la respuesta vale la pregunta.

De acuerdo, sea. Las causas de diversidad resultan todavía demasiado débiles. ¿En qué consisten? La principal radica en las desigualdades de volumen de las nebulosas, que implican desigualdades correspondientes en la medida y número de planetas de su fabricación. Enseguida vienen las desigualdades de choque, que modifican las velocidades de rotación y de traslación, el aplastamiento de los polos, las inclinaciones del eje sobre la eclíptica, etc., etcétera.

Digamos también las causas de semejanza. Identidad de formación y de mecanismo: una estrella, condensación de una nebulosa y centro de varias órbitas planetarias, escalonadas según diversos intervalos, tal es el fondo común. Además, el análisis espectral revela la unidad de composición de los cuerpos celestes. En todas partes los mismos elementos íntimos; el universo es solo un conjunto de familias unidas de cierta manera por la carne y la sangre. La misma materia, clasificada y organizada por el mismo método, según el mismo orden. Fondo y gobierno idénticos. Eso parece limitar bastante las diferencias y abrir de par en par la puerta a los menecmos.* Es necesario repetir, sin embargo, que de estos datos pueden salir, en números inimaginables, combinaciones *diferentes* de sistemas planetarios. ¿Llegan estos números a infinito? No, porque están formados por cien *cuerpos simples*, una cifra imperceptible. El infinito procede de la geometría y no tiene nada que ver con el álgebra. A veces, el álgebra es un juego, la geometría nunca. El álgebra busca a ciegas, como el topo. Sólo encuentra, a tientas, al final de su carrera, un resultado que es a menudo una bella fórmula, a veces una mistificación. La geometría nunca entra en la sombra, mantiene nuestros ojos fijos sobre las tres dimensiones, que no admiten los sofismas ni los trucos de prestidigitación. Nos dice: Mirad esos miles de globos, ese débil rincón del universo y recordad su historia. Una conflagración los ha sacado del seno de la muerte y los ha lanzado al espacio, nebulosas inmensas, origen de una nueva vía láctea. Por una, sabremos el destino de todas.

El choque resurrector ha confundido todos los *cuerpos simples* de la nebulosa, volatilizándolos. La condensación los ha separado de nuevo, luego los ha clasificado, en cada planeta y en el conjunto del grupo, según la ley de la gravedad. Las partes livianas predominan en los planetas excéntricos, las partes densas en los centrales. De ahí, con respecto a la proporción de los *cuerpos simples* y también respecto al volumen total de los globos, una tendencia necesaria a la semejanza entre los planetas de la misma categoría en todos los sistemas estelares; medida y ligereza progresivas, desde la capital a las fronteras; pequeñez y densidad más y más pronunciadas, desde las fronteras a la capital. Se entrevé la conclusión. La uniformidad del modo de creación de los astros y la comunidad de sus elementos, ya implican, entre ellos, semejanzas más que fraternales. Estas paridades crecientes de constitución deben terminar, evidentemente, por la frecuencia de la identidad. Los menecmos se vuelven sosias.

Tal es nuestro punto de partida para afirmar la limitación de las combinaciones *diferenciadas* de la materia y, en consecuen-

* Nombre de los personajes gemelos de la comedia *Menaechmi* de Plauto, que sirvieron de modelo a numerosas obras de teatro, donde se juega con los equívocos producidos por la confusión de identidades. [T.]

cia, su insuficiencia para sembrar de cuerpos celestes los campos de la extensión. A pesar de su multitud, estas combinaciones tienen un término y, desde entonces, deben *repetirse* para alcanzar el infinito. De cada una de sus obras, la naturaleza saca una tirada de miles de millones de ejemplares. En la textura de los astros, la semejanza y la repetición forman la regla, la desemejanza y la variedad, la excepción.

Debatiéndose con estas ideas de número, ¿cómo formularlas sino por medio de cifras, sus únicos intérpretes? Ahora bien, estos intérpretes obligados son aquí infieles o impotentes; infieles, cuando se trata de *combinaciones-tipos* de la materia cuyo número es limitado; impotentes y vacíos, desde que se habla de *repeticiones infinitas* de estas combinaciones. En el primer caso, el de las combinaciones originales o tipos, las cifras serán arbitrarias, vagas, tomadas al azar, sin siquiera valor aproximativo. Mil, cien mil, un millón, un trillón, etc., etc., un error siempre pero error en más o en menos, simplemente. En el segundo caso, al contrario, el de las *repeticiones infinitas*, toda cifra deviene un sinsentido absoluto, ya que quiere expresar lo inexpresable.

A decir verdad, no se trata de una cuestión de cifras reales: para nosotros sólo se trata de una locución. Sólo dos elementos se encuentran en presencia, lo *finito* y lo *infinito*. Nuestra tesis sostiene que los cien *cuerpos simples* no se prestarían a la formación de combinaciones *originales infinitas*. Entonces, en el fondo, no estarían en lucha sino lo *finito*, representado por cifras indeterminadas, con lo *infinito*, por una cifra convencional.

Los cuerpos celestes se clasifican así en *originales* y *copias*. Los *originales* son el conjunto de globos que forman cada uno un *tipo especial*. Las *copias* son las *repeticiones, ejemplares* o *pruebas* de este tipo. Es limitado el número de *tipos originales*; el de las *copias* o repeticiones, infinito. Es así como se constituye el infinito. Cada tipo tiene detrás de sí un ejército de sosias cuyo número no tiene límites.

En cuanto a la primera clase o categoría, la de los *tipos*, las diversas cifras, tomadas a voluntad, no pueden tener y no tendrán ninguna exactitud; simplemente, significan *mucho*. En cuanto a la segunda clase, a saber, las *copias, repeticiones, ejemplares, pruebas* (todas estas palabras son sinónimos), se usará el término *mil millones;* querrá decir *infinito*.

Se concibe que los astros alcanzarían un número infinito y todos reproducirían un solo y mismo *tipo*. Admitamos un instante que todos los sistemas estelares, en lo material y personal, fueran un calco absoluto del nuestro, planeta por planeta, sin diferenciarse ni jota. Esta colección de *copias* bastaría para formar el infinito por sí misma. Habría sólo un *tipo* para todo el universo. Por supuesto que no es así. El número de *combinaciones-tipo* es incalculable pero *finito*.

Basada en los hechos y razonamientos precedentes, nuestra tesis afirma que la materia no llegaría a alcanzar el *infinito* en la *diversidad* de las combinaciones siderales. ¡Oh! si los elementos de los que dispone fueran de una variedad infinita en sí mismos, si se hubiera podido convencer de que los astros lejanos no tienen nada en común con nuestra Tierra en su composición, que por todos lados la naturaleza trabaja con lo desconocido, se le habría podido conceder el infinito a discreción. Hace treinta años ya pensábamos que, dada la infinidad de los cuerpos celestes, nuestro planeta debería existir en miles de ejemplares. Solo que se trataba de una opinión, que era asunto de instinto y no se apoyaba más que en el dato del *infinito*. El análisis espectral cambió completamente la situación y abrió las puertas a la realidad que allí se precipita.

Desapareció la ilusión sobre las estructuras fantásticas. No existen, en ninguna parte, otros materiales que el centenar de *cuerpos simples*, de los que tenemos dos tercios a la vista. Con este escaso surtido debemos hacer y rehacer sin tregua el universo. El señor Haussmann disponía de otro tanto para reconstruir París. Disponía de los mismos. No es la variedad la que brilla en sus edificios. La naturaleza, que también demuele para reconstruir, logra algo bastante mejor en sus arquitecturas. Sabe sacar de su indigencia un partido tan rico que uno duda antes de limitar la originalidad de sus obras.

Acerquémonos al problema. Suponiendo que todos los sistemas estelares sean de igual duración, por ejemplo, miles de miles de millones de años, imaginemos, también como hipótesis, que empiezan y terminan juntos, en el mismo minuto. Se sabe que todos estos grupos, de alguna manera de la misma sangre, de la misma carne, de la misma osamenta, se desarrollan también según el mismo método. Los planetas se ordenan simétricamente en los diversos sistemas, según la intimidad de su semejanza y las similitudes los reúnen en una misma identidad.

Cien *cuerpos simples*, materiales únicos y comunes de un conjunto profundamente solidario, ¿serán capaces de proporcionar una combinación *diferente* y *especial* para cada globo, es decir, un número infinito de *originales distintos*? No, porque las diversidades, de cualquier tipo, que hacen variar las combinaciones, dependen, en efecto, de un número muy restringido: *cien*. Por eso, los astros *diferenciados* o *tipos* se reducen a una cifra limitada y la infinidad de los globos no puede surgir más que de la infinidad de las *repeticiones*.

De manera que las combinaciones originales se agotan sin haber podido alcanzar el infinito. Miríadas de sistemas estelo-planetarios diferentes circulan en una provincia de la extensión ya que no llegarían a poblar más que una provincia. ¿Se quedará allí la materia para figurar como un punto en el cielo o se contentará con mil, diez mil, cien mil puntos que ampliarían en forma insignificante su escaso reino? No, su vocación, su ley, es el infinito. No se dejará desbordar por el vacío. El espacio no se convertirá en su prisión. Sabrá invadirlo para vivificarlo. ¿Por qué, además, el infinito no será patrimonio universal? ¿La propiedad de una brizna o de un gorgojo, tanto como la del gran Todo?

Tal es, en efecto, la verdad que surge de estos vastos problemas. Descartemos ahora la hipótesis que ha hecho irrumpir la demostración. Por supuesto, los sistemas planetarios no llevan a cabo una carrera contemporánea. Lejos de eso: sus edades se intercalan y entrecruzan en todos los sentidos y en todos los instantes, desde el inflamado nacimiento de la nebulosa hasta la muerte de una estrella, hasta que un choque la resucita.

Dejemos de lado, por un instante, los sistemas estelares *originales* para ocuparnos especialmente de la Tierra. La relacionaremos, enseguida, con uno de ellos, con nuestro sistema solar, del que forma parte y que regulariza su destino. Se comprenderá que, no más que los animales y las cosas, en nuestra tesis el hombre no posee títulos personales al infinito. En sí mismo, tan sólo es un efímero. El globo, del que es hijo, lo hace participar con su diploma de infinidad en el tiempo y en el espacio. Cada uno de nuestros sosias es el hijo de una Tierra, sosias, ella misma, de la Tierra actual. Formamos parte del calco. La Tierra-sosias reproduce exactamente todo lo que se encuentra sobre la nuestra, en consecuencia, cada individuo, con su familia, con su casa cuando la tiene, y todos los acontecimientos de su vida. Es una duplicación de nuestro globo, continente y contenido. No falta nada.

Los sistemas estelares escalonan sus planetas alrededor del Sol, en un orden regularizado por las leyes de la gravedad, que asignan así, en cada grupo, un lugar simétrico para las creaciones análogas. La Tierra es el tercer planeta a partir del Sol y este rango se debe, sin duda, a las condiciones particulares de tamaño, de densidad, de atmósfera, etc. Millones de sistemas estelares se aproximan seguramente al nuestro, por la cifra y la disposición de sus astros. Porque el cortejo está estrictamente dispuesto según las leyes de la gravitación. En todos los grupos de ocho a doce planetas, el tercero tiene grandes posibilidades de no diferir demasiado de la Tierra; en primer lugar, la distancia del Sol, condición esencial que da identidad de calor y de luz. Pueden variar el volumen y la masa, la inclinación del eje sobre la eclíptica. Más aún, si la nebulosa equivaliera casi a la nuestra, habría razones para que el desarrollo siguiera paso a paso la misma marcha.

Supongamos, sin embargo, las diversidades que limitan la aproximación a una simple analogía. Antes de encontrar una semejanza completa, se contarán por miles de millones las tierras de esta especie. Como nosotros, todos estos globos tendrán terrenos escalonados, una flora, una fauna, mares, una atmósfera, hombres. Pero la duración de los períodos geológicos, la repartición de las aguas, los continentes, las islas, las razas animales y humanas, ofrecerá variedades innumerables. Dejémoslo así.

En fin, una Tierra nace con nuestra humanidad, que desarrolla sus razas, sus migraciones, sus luchas, sus imperios, sus catástrofes. Todas esas peripecias van a cambiar sus destinos, a lanzarla sobre vías que no son las de nuestro globo. Miles de direcciones diferentes se ofrecen a este género humano, a cada minuto, a cada segundo. Elige una, abandona para siempre las demás. ¡Cuántos desvíos, a derecha y a izquierda, modifican a los individuos, la historia! Nuestro pasado todavía no ha llegado a ese punto. Dejemos de lado esas pruebas confusas. No dejarán de hacer su camino y serán mundos.

Sin embargo, llegamos. Se trata de un ejemplar completo, cosas y personas. Ni una piedra, ni un árbol, ni un arroyo, ni un animal, ni un hombre, ni un incidente que no haya encontrado su lugar y su minuto en el duplicado. Es una verdadera Tierrasosias, ...por lo menos, hasta hoy. Porque mañana, los acontecimientos y los hombres proseguirán su marcha. Desde ahora, estamos frente a lo desconocido. Como su pasado, el porvenir de nuestra Tierra cambiará de ruta millones de veces. El pasado es un hecho consumado; es el nuestro. El porvenir concluirá solamente a la muerte del globo. Desde ahora hasta entonces, cada segundo comportará su bifurcación, el camino que se tomará, el que se podría haber tomado. Sea el que sea, miles de veces ha sido recorrido el que debería completar la propia existencia del planeta hasta su último día. No será más que una copia impresa por adelantado por los siglos.

Los acontecimientos no crean solos las variantes humanas. ¿Qué hombre no se encuentra a veces en presencia de dos senderos? Ése, del que se aparta, le daría lugar a una vida muy diferente, aun dejándole la misma individualidad. Uno lo conduce a la miseria, a la vergüenza, a la servidumbre. El otro lo llevaría a la gloria, a la libertad. Aquí una mujer encantadora y la felicidad; allá una arpía y la desolación. Me refiero a los dos sexos. Se decida por azar o por elección, no importa, nadie escapa a la fatalidad. Pero la fatalidad no hace pie en el infinito, que tampoco conoce alternativa y tiene lugar para todo. Una Tierra existe donde el hombre sigue la ruta desdeñada en la otra por el sosias. Su existencia se desdobla, un globo para cada una, luego se bifurca una segunda, una tercera vez, miles de veces. Posee así sosias completos y variantes innumerables de sosias, que multiplican y representan siempre a su persona, pero que sólo obtienen jirones de su destino. Todo lo que uno podría haber sido aquí abajo, también se es en alguna otra parte. Más allá de la existencia entera que se vive en una muchedumbre de tierras, desde el nacimiento hasta la muerte, se viven otras, en diez mil ediciones diferentes.

Sobre todo cuando la fatalidad le ha jugado una mala pasada, los grandes acontecimientos de nuestro globo tienen su contrapartida. Tal vez los ingleses han perdido muchas veces la batalla de Waterloo en los globos donde sus adversarios no hayan cometido la equivocación de Grouchy. Fue por poco. Por el contrario, Bonaparte no logra siempre la victoria de Marengo que fue pura casualidad.

Oigo los clamores "¡Eh! ¡Qué locura nos viene directamente de Bedlam! ¡Cuántos miles de millones de ejemplares de tierras análogas! ¡Otros miles de millones para comienzos semejantes!

¡Centenas de millones para las tonterías y crímenes de la humanidad! Luego, miles de millones para las fantasías individuales. Cada uno de nuestros buenos o malos humores tendrá una muestra especial de globo a sus órdenes. ¡Todas las encrucijadas del cielo están colmadas por nuestros dobles!"

No, no, estos dobles no constituyen una muchedumbre en ninguna parte. Más aún, son muy raros aunque, al contarse por miles de millones, tampoco cuentan. Nuestros telescopios, que tienen un hermoso campo que recorrer, no descubrirían, aunque fuera visible, una sola edición de nuestro planeta. Quizás dure mil o cien mil veces el intervalo que habrá que franquear antes de que se dé la suerte de tener uno de estos encuentros. Entre mil millones de sistemas estelares, ¿quién podría decir si se encontraría una sola reproducción de nuestro grupo o de uno de sus miembros? Y sin embargo, el número es infinito. Decíamos al principio: "Cada palabra, así sea el enunciado de las distancias más aterradoras, hablaría de miles de millones de miles de millones de siglos, a una palabra por segundo, para expresar en suma sólo una insignificancia, desde el momento en que se trata del infinito."

Este pensamiento podría aplicarse así. Como *tipos especiales*, cada uno de un solo ejemplar, las miríadas de tierras, sea cual sea su *diferencia*, no serían más que un punto en el espacio. Cada una debe repetirse hasta el *infinito*, antes de contar para lo que sea. Sosias exacto de la nuestra, desde el día de su nacimiento hasta el de su muerte, luego de su resurrección, la Tierra existe por miles de millones de *copias*, durante cada uno de los segundos de su duración. Es su destino como *repetición* de una combinación *original* y todas las *repeticiones* de los otros *tipos* la comparten.

Puede parecer un atrevimiento ligeramente fantástico, sobre todo cuando se trata de duplicados en tiradas de miles de millones, el anuncio de una duplicación de nuestra residencia terrestre, con todos sus huéspedes, sin distinción, desde el grano de arena hasta el emperador de Alemania. Naturalmente, el autor encuentra excelentes sus razones, puesto que ya las ha reeditado cinco o seis veces, sin prejuicio del porvenir. Le parece difícil que la naturaleza, ejecutando la misma tarea con los mismos materiales y con el mismo molde, no se vea, a menudo, obligada a moldearse con la misma forma. Más bien habría que sorprenderse de lo contrario.

En cuanto a las profusiones impresas en cada tirada, no habría que preocuparse por el infinito, es rico. Por más insaciable que uno sea, posee más que todas las aspiraciones, más que todos los sueños. Además, esta lluvia de pruebas no cae en chaparrones sobre ninguna localidad. Se desparrama a través de campos inconmensurables. No nos importa mucho que nuestros sosias sean nuestros vecinos. Así estén en la Luna, la conversación no sería más cómoda, ni el conocimiento más fácil. Más bien es halagador saberse uno allá abajo, bien lejos, donde el diablo perdió el poncho, leyendo su diario en pantuflas o asistiendo a la batalla de Valmy, que se libra en este momento en miles de Repúblicas Francesas.

 ¿Pensáis que en la otra punta del infinito, en alguna Tierra compasiva, el príncipe real, llegando demasiado tarde a Sadowa, permita que gane su batalla al desafortunado Benedeck?...Pero he aquí que Pompeyo viene a perder la de Farsalia. ¡Pobre hombre! Va a procurar consuelo en Alejandría, cerca de su buen amigo el rey Ptolomeo... Cómo se reirá César... ¡ah! justamente, está por recibir sus veintidós puñaladas en pleno senado... ¡Bah! Es su ración cotidiana desde el no comienzo del mundo y las almacena con una filosofía imperturbable. Es verdad que sus sosias no le dan la alarma. ¡Eso es lo terrible! No hay forma de prevenirse. Si a los dobles que se posee en el espacio, se les permitiera asistir a la historia de su vida, con algunos buenos consejos, uno les ahorraría bastantes penas y tonterías...

 A pesar de la broma, es algo muy serio en el fondo. No se trata de antileones, ni de antitigres, ni de ojos en la punta de la cola; se trata de matemáticas y de hechos positivos. Desafío a que la naturaleza no fabrique por día, desde que el mundo es mundo, miles de millones de sistemas solares, calcos serviles del nuestro, material y personal. Le permito que agote el cálculo de probabilidades, sin que falte ni uno. Cuando ya no sepa más qué hacer, la devuelvo al infinito y la obligo a ejecutarse, es decir, a ejecutar sin fin los duplicados. No me cuido de alegar como motivo la belleza de las muestras que sería una gran pena no multiplicar hasta la saciedad. Por el contrario, me parece malsano y bárbaro envenenar el espacio con un montón de países fétidos.

 Observaciones inútiles, además. La naturaleza no conoce ni practica la moral en acción. Lo que hace, no lo hace a propósito. Trabaja a ciegas, destruye, crea, transforma. No le importa el resto. Con los ojos cerrados, aplica el cálculo de probabilidades mejor que lo explican todos los matemáticos, con los ojos bien abiertos. No esquiva ni una variante, ni una posibilidad queda en el fondo de la urna. Saca todos los números. Cuando no le queda más nada en el fondo de la bolsa, abre la caja de las repeticiones, tonel sin fondo éste también, que no se vacía nunca, a la inversa del tonel de las Danaides que no llegaba a llenarse. Es así como procede la materia, desde que es materia, y no se trata de ocho días. Trabajando sobre un plan uniforme, con cien *cuerpos simples*, que no disminuyen ni aumentan en un solo átomo, no puede sino *repetir* sin fin cierta cantidad de combinaciones *diferentes* que, a justo título, se denominan *primordiales, originales*, etc., etc.; de sus canteras sólo salen sistemas estelares.

Sólo por el hecho de existir, todo astro ha existido siempre, siempre existirá, no con su personalidad actual, temporaria y perecedera, sino en una serie infinita de personalidades semejantes, que se reproducen a través de siglos. Pertenece a una de las combinaciones *originales*, permitidas por diversos arreglos de los cien *cuerpos simples*. Idéntico a sus encarnaciones precedentes, ubicado en las mismas condiciones, vive y vivirá exactamente la misma vida de conjunto y en detalle que durante sus avatares anteriores.

Todos los astros son repeticiones de una combinación *original* o *tipo*. No se habrán de formar nuevos *tipos*. Necesariamente, el número se ha agotado desde el origen de las cosas –aunque las cosas no tengan ningún origen. Esto significa que un número fijo de combinaciones *originales* existe para toda la eternidad y no será susceptible de aumentar ni de disminuir más que la materia. Es y será el mismo hasta el fin de las cosas, que no pueden ni terminar ni comenzar. Eternidad de *tipos* actuales en el pasado como en el futuro y ni un astro que no sea un *tipo* repetido hasta el infinito, en el tiempo y en el espacio. Así es la realidad.

Semejante a los otros cuerpos celestes, nuestra Tierra es la *repetición* de una combinacion *primordial*, que se reproduce siempre la misma y que existe simultáneamente en miles de millones de ejemplares idénticos. Cada ejemplar nace, vive y muere a su vez. Nace, muere, por miles de millones, en cada segundo que pasa. Sobre cada uno de ellos suceden todas las cosas materiales, todos los seres organizados, en el mismo orden, en el mismo lugar, en el mismo minuto en que suceden sobre las otras tierras, sus sosias. En consecuencia, todos los hechos realizados o a realizarse en nuestro globo, antes de su muerte, exactamente los mismos se realizan en miles de millones de sus pares. Y como es así para todos los sistemas estelares, el universo entero es la reproducción permanente, sin fin, de un material y de un personal siempre renovado y siempre el mismo.

¿La identidad de dos planetas exige la identidad de sus sistemas solares? Por cierto, la de los dos soles es absolutamente necesaria, bajo pena de un cambio en las condiciones de existencia, que implicaría dos astros hacia destinos diferentes, a pesar de su identidad original, poco probable, además. Pero en los dos grupos estelares, la similitud completa ¿también es de rigor entre todos los globos correspondientes a su número de orden? ¿Hace falta un doble Mercurio, doble Marte, doble Neptuno, etc., etc.? Cuestión insoluble por insuficiencia de datos.

Sin duda, esos cuerpos sufren su influencia recíproca y la ausencia de Júpiter, por ejemplo, o su reducción a nueve décimos, sería para sus vecinos una sensible causa de modificación. Sin embargo, el alejamiento atenúa esas causas y puede incluso anularlas. Además, el Sol reina solo, como luz y como calor, y cuando se piensa que su masa es a la de su cortejo planetario como 741 a 1, parece que esta potencia enorme de atracción debería aniquilar toda rivalidad. No obstante, no es así. Los planetas ejercen sobre la Tierra una acción bien comprobada.

Por otra parte, la cuestión es bastante indiferente y no compromete nuestra tesis. Si es posible que exista la identidad entre dos tierras, sin que se reproduzca también entre los otros planetas correlativos, es algo ya hecho de entrada, puesto que la naturaleza no falla ni en una sola combinación. En el caso contrario, importa poco. Que las tierras-sosias exijan, por condición *sine qua non*, sistemas solares-sosias, sea. Resulta, simplemente, por consecuencia, millones de grupos estelares, donde nuestro globo, en lugar de sosias, posee menecmos en diverso grado, combinaciones *originales*, repetidas hasta el infinito, así como todos los demás.

Los sistemas solares, perfectamente idénticos y en número infinito, además, cumplen sin pena el programa obligado. Constituyen un *tipo original*. Ahí, todos los planetas correspondientes a su escalafón ofrecen la identidad más irreprochable. Mercurio es el sosias de Mercurio, Venus de Venus, la Tierra de la Tierra, etc. Estos sistemas se expanden en el espacio por miles de millones, como *repeticiones* de un *tipo*.

Entre las combinaciones *diferenciadas*, ¿existen aquellas cuyas diferencias sobrevienen primero en globos idénticos a la hora de su nacimiento? Habría que hacer alguna distinción. Estas mutaciones no se admiten como obras espontáneas de la misma materia. El minuto inicial de un astro determina toda la serie de sus transformaciones materiales. La naturaleza sólo tiene leyes inflexibles, inmutables. En tanto que gobiernan solas, todo sigue una marcha fija y fatal. Pero las variaciones comienzan con los seres animados que tienen voluntades, dicho de otra forma, caprichos. Desde que los hombres intervienen, la fantasía, sobre todo, interviene con ellos. No se trata de que puedan modificar mucho el planeta. Sus esfuerzos más gigantescos no mueven ni una madriguera, lo que no les impide posar como conquistadores y sucumbir en éxtasis delante de su genio y potencia. Desde que cesen de defenderse contra la naturaleza, la materia habrá barrido sus trabajos de pigmeos. Buscad esas ciudades famosas, Nínive, Babilonia, Tebas, Menfis, Persépolis, Palmira, donde pululaban millones de habitantes con su actividad febril. ¿Qué queda de ellas? Ni siquiera los escombros. La hierba o la arena cubren sus túmulos. Basta con que las obras humanas sean descuidadas por un instante, la naturaleza comienza apaciblemente a demolerlas y por poco que se tarde, se la encuentra reinstalada floreciente encima de las ruinas.

Si los hombres alteran poco la materia, por el contrario, es mucho lo que se alteran a sí mismos. Su turbulencia nunca trastorna seriamente la marcha natural de los fenómenos físicos sino que perturba a la humanidad. Por eso es necesario prever esta influencia subversiva que cambia el curso de los destinos individuales, destruye o modifica las razas animales, desgarra las naciones y voltea los imperios. Es cierto que estas brutalidades se llevan a cabo sin siquiera llegar a rasguñar la epidermis terrestre. La desaparición de los perturbadores no dejaría huella de su presencia, que se dice soberana, y alcanzaría para devolver a la naturaleza su virginidad apenas desflorada.

Los hombres producen víctimas e introducen inmensos cambios entre ellos mismos. Al soplo de las pasiones y de los intereses en lucha, su especie se agita con más violencia que el océano bajo el esfuerzo de la tempestad. ¡Cuántas diferencias entre la marcha de humanidades que sin embargo han comenzado su carrera con el mismo personal, debido a la identidad de las condiciones materiales de sus planetas! Si se considera la movilidad de los individuos, las mil perturbaciones que vienen sin cesar a desviar su existencia, se llegará fácilmente a sextillones de sextillones de variantes en el género humano. Pero una sola combinación *original* de la materia, la de nuestro sistema planetario, produce, por *repeticiones*, miles de millones de tierras que aseguran sosias a los sextillones de humanidades diversas, surgidas de las efervescencias del hombre. El primer año de ruta sólo dará diez variantes, el segundo diez mil, el tercero millones, y así en más, con un *crescendo* proporcional al progreso que se manifiesta, como se sabe, por procedimientos extraordinarios.

Estas diferentes colectividades humanas sólo tienen una cosa en común, la duración, ya que nacidas de *copias* del mismo *tipo original*, cada una escribe su ejemplar a su gusto. El número de estas historias particulares, por más grande que sea, se dará siempre en un número *finito* y sabemos que la combinación *primordial* es infinita por *repeticiones*. Cada una de las historias particulares, al representar una misma colectividad, se reproduce por miles de millones de *pruebas* semejantes y cada individuo, parte integrante de esta colectividad, posee en consecuencia sosias por miles de millones. Se sabe que todo hombre puede figurar en diversas variantes a la vez, como efecto de cambios en la ruta que siguen sus sosias sobre sus tierras respectivas, cambios que desdoblan la vida, sin tocar la personalidad.

Condensemos: Obligada a construir sólo nebulosas, transformadas más tarde en grupos estelo-planetarios, la materia no puede, a pesar de su fecundidad, sobrepasar un cierto número de combinaciones *especiales*. Cada uno de estos *tipos* es un sistema estelar que se repite sin fin, único medio de poblar la extensión. Nuestro Sol, con su cortejo de planetas, constituye una de las combinaciones *originales* y ésta, como todas las demás, es reproducida por miles de millones de pruebas. De cada una de estas pruebas forma parte naturalmente una Tierra idéntica a la nuestra, una Tierra sosias en cuanto a su constitución material y que engendra, en consecuencia, las mismas especies vegetales y animales que nacen en la superficie terrestre.

Las humanidades todas, idénticas a la hora de la explosión, siguen, cada una en su planeta, la ruta trazada por las pasiones y los individuos contribuyen a la modificación de esta ruta por su influencia particular. A pesar de la identidad constante de su principio, resulta que la Humanidad no tiene el mismo personal en todos los globos semejantes y cada uno de estos globos, de alguna manera, tiene su Humanidad especial, salida del mismo origen y partida del mismo punto que las otras, pero derivada en su camino por mil senderos para llegar al fin de cuentas a una vida y a una historia diferentes.

Pero la restringida cifra de habitantes en cada Tierra no permite a estas variantes de la Humanidad sobrepasar un número determinado. De manera que, por más prodigioso que pueda ser, ese número de colectividades humanas *particulares* es *finito*. De ahí que no sea nada, comparada con la cantidad *infinita* de tierras idénticas, reino de la combinación solar *tipo* y que poseían todas, en su origen, humanidades nacientes semejantes, aunque a continuación modificadas sin descanso. Por eso, cada Tierra, que contiene una de esas colectividades humanas *particulares*, resultado de modificaciones incesantes, debe repetirse miles de millones de veces, para hacer frente a las necesidades del infinito. De ahí que miles de millones de tierras, absolutamente sosias, personal y material, no varían ni un ápice, sea en tiempo, sea en lugar, ni una milésima de segundo, ni un hilo de telaraña. Existen esas variantes terrestres o colectividades humanas así como existen los sistemas estelares *originales*. Su cifra es limitada, porque tiene por elementos cantidades *finitas*. Los hombres de una Tierra, así como los sistemas estelares *originales*, tienen por elementos una cantidad *finita*, los cien *cuerpos simples*. Pero cada variante hace una tirada de sus pruebas por miles de millones.

Tal es el destino común de nuestros planetas, Mercurio, Venus, la Tierra, etc..., y de los planetas de todos los sistemas estelares *primordiales* o *tipos*. Agreguemos que entre estos sistemas, millones se parecen al nuestro, sin ser sus *duplicados* y cuentan con tierras innumerables, no más idénticas que aquella donde vivimos, pero que tiene todos los grados posibles de semejanza o analogía.

Todos estos sistemas, todas estas variantes y sus *repeticiones* forman innumerables series de infinitos parciales, que van a hundirse en el gran infinito, como los ríos en el océano. Que nadie proteste contra estos globos que caen por miles de millones de la pluma. No se debe decir: ¿Dónde encontrar lugar para tanta gente? Sino ¿dónde encontrar mundos para tanto lugar? Se puede, sin escrúpulo, negociar con el infinito en miles de millones, siempre pedirá el resto.

Las doctrinas, que a veces hacen reír tanto como llorar, se burlarán tal vez de nuestros infinitos parciales, felicitándonos de hacer tanto dinero con una moneda falsa. En efecto, cuando se niega un único infinito a la extensión, al adjudicarle millones, parece que el procedimiento sería impertinente. Sin embargo, nada más simple. Como el espacio no tiene límites, se le puede atribuir todas las figuras, precisamente porque no tiene ninguna. Hace un momento, esfera, ahora cilindro.

Que nueve cortes de sierra partan en diez planchas, perpendicularmente a su eje, un bloque de madera cilíndrico. Que se extienda al *infinito*, por el pensamiento, el perímetro circular de cada una de esas planchas. Que se las separe, también por medio del pensamiento, unas de otras en algunos cuatrillones de cuatrillones de leguas. Habrá diez infinitos parciales, irreprochables aunque un poco escasos. Todos los astros, salidos de nuestros cálculos, se sentirán a gusto, con sus reinos respectivos, en cada uno de estos compartimientos. Además, nada impide yuxtaponerles otros, y agregarles así el infinito a discreción.

Se entiende que estos astros no quedan encerrados en categorías según identidades. Las conflagraciones renovadoras los fusionan y los mezclan sin cesar. Un sistema solar no renace, como el fénix, de su propia combustión, que contribuye, al contrario, a formar combinaciones diferentes. Recreado por otras volatilizaciones, toma revancha en otra parte. Encontrándose en todas partes los mismos materiales, cien *cuerpos simples* y, dado el infinito, las probabilidades se igualan. El resultado es la permanencia invariable del conjunto por la transformación perpetua de las partes.

Si tratara de hacer trampas, a caballo sobre lo *indefinido*, buscando querella para obligarnos a comprender y a explicarle el *infinito*, lo remitiremos a los jupiterianos, provistos sin duda de un cerebro más poderoso. No, no podemos superar lo indefinido. Ya se sabe y sólo se trata de concebir lo *infinito* bajo esta forma. Se agrega espacio al espacio y el pensamiento accede muy bien a esta conclusión de que no tiene límites. Es cierto que se podría adicionar durante miríadas de siglos: el total sería siempre un número *finito*. ¿Qué prueba eso? Primero, lo *infinito*, por la imposibilidad de llegar, luego, la debilidad de nuestro cerebro.

Sí, después de haber sembrado cifras como para mover a risas y a los hombros, tras los primeros pasos en la ruta de lo infinito, uno ya se queda sin aliento. Sin embargo es tan claro como impenetrable y se demuestra maravillosamente en dos palabras: el espacio, lleno de cuerpos celestes, siempre, sin fin. Es bien simple, aunque incomprensible.

Nuestro análisis del universo sobre todo ha puesto en escena los planetas, único teatro de la vida orgánica. Las estrellas permanecieron en último plano. Ocurre que allí no hay formas cambiantes, ni metamorfosis. Nada más que el tumulto del incendio colosal, fuente de calor y de luz, luego su decrecimiento progresivo y por fin las tinieblas heladas. La estrella no es menos el núcleo vital de los grupos constituidos por la condensación de las nebulosas. Es ella la que clasifica y ordena el sistema en el que se forma el centro. En cada combinación-*tipo*, es diferente de tamaño y de movimiento. Permanece inmutable durante todas las repeticiones de este *tipo*, incluso las variantes planetarias que son el hecho de la humanidad.

No es necesario imaginarse, en efecto, que estas reproducciones de globos se puedan hacer para los hermosos ojos de los sosias que los habitan. El prejuicio de egoísmo y de educación que remite todo hacia nosotros es una tontería. La naturaleza no se ocupa de nosotros. Fabrica grupos estelares en la medida de aquellos materiales que tiene a su disposición. Unos son los *originales*, otros los duplicados, editados por miles de millones. Propiamente, no hay ni siquiera *originales*, es decir primeros en fecha, sino *tipos* diversos, detrás de los cuales se ordenan los sistemas estelares.

Que los planetas de estos grupos produzcan hombres o no, no es preocupación de la naturaleza, que no tiene ninguna especie de preocupación, que hace su tarea, sin inquietarse por las consecuencias. Aplica 998 *milésimas* de la materia a las estrellas, donde no crece ni una minúscula brizna de hierba, ni un insecto, y el resto, "*¡dos milésimas!*", a los planetas, cuya mitad, si no más, se dispensa también de albergar y de alimentar bípedos de nuestro módulo. Sin embargo y en suma, hace las cosas bastante bien. No habría que murmurar. Más modesta, la lámpara que nos alumbra y nos da calor, nos abandonaría muy pronto en la noche eterna o, más bien, jamás habríamos entrado a la luz. Tendrían que quejarse sólo las estrellas, pero no se quejan. ¡Pobres estrellas! Su papel de esplendor es sólo un papel de sacrificio. Creadoras y sirvientas de la potencia productora de los planetas, ellas mismas no la poseen y deben resignarse a su carrera ingrata y monótona de antorchas. Tienen el esplendor sin el goce; detrás de ellas se ocultan, invisibles, las realidades vivas. Sin embargo, estas reinas-esclavas son de la misma pasta que sus felices súbditos. Los cien *cuerpos simples* se hacen cargo de todos los gastos. Pero no reencontrarán la fecundidad sino despojándose de la grandeza. Llamas deslumbrantes, ahora, un día serán tinieblas y hielos y no podrán renacer a la vida sino como planetas, luego del golpe que volatilizará en nebulosa el cortejo y a su reina.

Esperando la felicidad de esta caída, las soberanas, sin saberlo, gobiernan sus reinos por medio de buenas obras. Maduran los frutos, jamás los cosechan. Soportan todas las cargas, sin beneficio. Únicas dueñas de la fuerza, sólo la usan en provecho de la debilidad. ¡Queridas estrellas! Vosotras encontráis escasos imitadores.

Concluyamos en fin con la inmanencia de las mínimas parcelas de la materia. Si su duración no es mayor que un segundo, su renacimiento no tiene límites. El infinito en el tiempo y en el espacio no es patrimonio exclusivo del universo entero. Pertenece a todas las formas de la materia, incluso al infusorio y al grano de arena.

Así, por gracia de su planeta, cada hombre posee, en la extensión, un número sin fin de dobles que viven su vida, absolutamente tal como él mismo la vive. Él es infinito y eterno en la persona de otros él-mismo, no sólo en su edad actual sino en todas *sus* edades. Existen, simultáneamente, por miles de millones, a cada segundo, sosias que nacen, otros que mueren, otros cuya edad se escalona de segundo en segundo, desde su nacimiento hasta su muerte.

Si alguien interroga las regiones celestes para preguntarles por su secreto, miles de millones de sus sosias levantan sus ojos al mismo tiempo, con la misma pregunta en su pensamiento y todas sus miradas se cruzan invisibles. Y no es sólo una vez que esas interrogaciones mudas atraviesan el espacio, sino siempre. Cada segundo de la eternidad ha visto y verá la situación de hoy, es decir, los miles de millones de tierras sosias de la nuestra con nuestros sosias personales.

Así, cada uno de nosotros ha vivido, vive y vivirá sin fin, bajo la forma de miles de millones de *alter ego*. Tal cual, uno es en cada segundo de su vida, tal cual, uno está estereotipado por miles de millones de pruebas en la eternidad. Compartimos el destino de los planetas, nuestras madres nodrizas, en cuyo seno se lleva a cabo esta existencia inagotable. Los sistemas estelares nos conducen a su perennidad. Única organización de la materia, tienen fijación y movilidad al mismo tiempo. Cada uno es sólo un relámpago, pero esos relámpagos iluminan eternamente el espacio.

El universo es infinito en su conjunto y en cada una de sus fracciones, estrella o molécula de polvo. Así es en cada minuto, así fue, así será siempre, sin un átomo ni un segundo de variación. No hay nada nuevo bajo los soles. Todo lo que se hace, se ha hecho y se hará. Y, sin embargo, aún así, el universo de hace un momento ya no es el de ahora y el de ahora no será más el de entonces ya que no permanece inmutable e inmóvil. Por el contrario, se modifica sin cesar. Todas sus partes se encuentran en un movimiento continuo. Destrozadas aquí, como individualidades nuevas, se reproducen simultáneamente en otra parte.

Los sistemas estelares terminan, luego recomienzan con elementos semejantes asociados por medio de otras alianzas, una reproducción infatigable de ejemplares similares salidos de desechos diferentes. Es una alternancia, un cambio perpetuo de renacimientos y transformaciones. El universo es la vida y la muerte a la vez, la destrucción y la creación, el cambio y la estabilidad, el tumulto y el reposo. Se ata y se desata sin fin, siempre el mismo, con seres siempre renovados. A pesar de su perpetuo devenir, está grabado en bronce e imprime incesantemente la misma página. Conjunto y detalles, es eternamente transformación e inmanencia.

El hombre es uno de estos detalles. Comparte la movilidad y la permanencia del gran Todo. No hay un ser humano que no haya figurado en miles de millones de globos y no haya entrado en el crisol de refundiciones desde hace mucho tiempo. En vano se remontaría el torrente de los siglos para encontrar un momento en el que no se haya vivido. Como el universo no ha comenzado, en consecuencia, el hombre tampoco. Sería imposible regresar a una época en la que todos los astros ya no hayan sido destruidos y remplazados y, por lo tanto, nosotros también, habitantes de esos astros. Y jamás, en el futuro, pasará un instante sin que miles de millones de otros nosotros-mismos no estén a punto de nacer, de vivir y de morir. A la par del universo, el hombre es el enigma del infinito y de la eternidad, y el grano de arena tanto como el hombre.

VIII

RESUMEN

El universo entero se compone de sistemas estelares. Para crearlos, la naturaleza sólo tiene cien *cuerpos simples* a su disposición. A pesar del provecho prodigioso que la naturaleza sabe obtener de estos recursos y de la cifra incalculable de combinaciones que le permiten a su fecundidad, el resultado es necesariamente un número *finito*, como el de los elementos en sí mismos y, para llenar la extensión, la naturaleza debe repetir hasta el infinito cada una de sus combinaciones *originales* o *tipos*.

Sea cual sea, entonces, cada astro existe en número infinito en el tiempo y en el espacio, no sólo bajo uno de sus aspectos, sino tal como se encuentra en cada uno de los segundos de su duración, desde el nacimiento hasta la muerte. Todos los seres repartidos sobre su superficie, grandes o pequeños, vivos o inanimados, comparten el privilegio de esta perennidad.

La Tierra es uno de estos astros. Todo ser humano es pues eterno en cada uno de los segundos de su existencia. Esto que escribo en este momento en una celda del fuerte de Taureau, lo he escrito y lo escribiré durante la eternidad, sobre una mesa, con una pluma, con vestimentas, en circunstancias semejantes. Así cada uno.

Todas estas tierras se abisman, una tras otra, en las llamas renovadoras, para renacer y recaer una y otra vez, una clepsidra que se vuelca monótona, dándose vuelta sobre sí misma y vaciándose eternamente. Es lo nuevo siempre viejo, y lo viejo siempre nuevo.

Sin embargo, los curiosos de la vida ultraterrestre ¿podrán sonreír ante una conclusión matemática que les otorga, no sólo la inmortalidad sino la eternidad? El número de nuestros sosias es infinito en el tiempo y en el espacio. A conciencia, no se podría exigir más. Estos sosias son de carne y hueso, aun en pantalón y chaqueta, en crinolina y con moño. No son fantasmas, son la actualidad eternizada.

A pesar de eso se produce un gran defecto: no hay progreso. ¡Una pena!, ¿no? Son reediciones vulgares, repeticiones. Tales como los ejemplares de mundos pasados, tales los de los mundos futuros. Sólo el capítulo de las bifurcaciones queda abierto a la esperanza. No nos olvidemos que *todo lo que se habría podido ser aquí abajo, se es en alguna otra parte.* Aquí abajo, el progreso es solo para nuestros nietos. Tienen más suerte que nosotros. Todas las cosas hermosas que verá nuestro globo, nuestros futuros descendientes ya las han visto, las ven en este momento y las verán siempre, claro que bajo la forma de sosias que los han precedido y que los sucederán. Hijos de una humanidad mejor, ya se han burlado bien de nosotros y nos han escarnecido en tierras muertas, pasando por ellas después que nosotros. Continúan fustigándonos en las tierras vivas de las que hemos desaparecido y siempre nos seguirán persiguiendo con su desprecio por las tierras que nacerán.

Ellos y nosotros, y todos los huéspedes de nuestro planeta, renacemos prisioneros del momento y del lugar que los destinos nos asignan en la serie de sus avatares. Nuestra perennidad es un apéndice de la suya. Sólo somos fenómenos parciales de sus resurrecciones. Hombres del siglo XIX, la hora de nuestras apariciones ya fue fijada para siempre y nos encamina, siempre los mismos, apenas con la pespectiva de variantes felices. No hay nada en esto que satisfaga la sed de lo mejor. ¿Qué hacer? No he procurado mi placer, procuré la verdad. No hay ni revelación ni profeta sino una simple deducción del análisis espectral y de la cosmogonía de Laplace. Estos dos descubrimientos nos harán eternos. ¿Se trata de una ventaja? Aprovechémosla. ¿Es una mistificación? Resignémonos.

Pero ¿acaso no es un consuelo saberse constantemente, en miles de millones de tierras, en compañía de personas queridas que hoy sólo son para nosotros un recuerdo? Por el contrario, ¿no es otro pensar que uno gusta y gustará eternamente de esta felicidad, bajo la figura de un sosias, de miles de millones de sosias? Sin embargo, eso es lo que somos. Para muchos espíritus mezquinos, a estas felicidades por sustitución les falta un poco de ebriedad. Preferirían a todos los duplicados del infinito, tres o cuatro años de suplemento en la edición corriente. En nuestro siglo, de desilusiones y escepticismo, se es ávido por quedarse aferrado.

En el fondo, es melancólica esta eternidad del hombre a través de los astros y más triste todavía este secuestro de los mundos-hermanos por la inexorable barrera del espacio. ¡Tantas poblaciones idénticas que pasan sin siquiera haber sospechado de su mutua existencia! Sí, ¿y qué? Al fin se la descubre en el siglo XIX. Pero, ¿quién querrá creerlo?

Y luego, hasta aquí, ¡el pasado representaba para nosotros la barbarie y el porvenir significaba progreso, ciencia, felicidad, ilusión! Este pasado ha visto desaparecer en todos nuestros globos-sosias las civilizaciones más brillantes, sin dejar una huella y desaparecerán más todavía sin dejar nada. ¡El porvenir revisará en miles de millones de tierras las ignorancias, las tonterías, las crueldades de nuestros viejos tiempos!

A esta hora, la vida entera de nuestro planeta, desde el nacimiento hasta la muerte, se detalla, día por día, en las miríadas de astros-hermanos, con todos sus crímenes y desgracias. Lo que denominamos progreso está encerrado en cada Tierra entre cuatro paredes y se desvanece con ella. Siempre y en todas partes, en el campo terrestre, el mismo drama, el mismo decorado, en la misma estrecha escena, una humanidad ruidosa, infatuada de su grandeza, creyéndose el universo y viviendo en su prisión como en una inmensidad, para hundirse muy pronto con el globo que ha cargado, con el desdén más profundo, el fardo de su orgullo. La misma monotonía, la misma inmovilidad en los astros extraños. El universo se repite sin fin y piafa en el mismo lugar. La eternidad interpreta imperturbablemente en el infinito las mismas representaciones.

Fin

tipografía: delegraf, s.a.
impreso en publimex, s.a.
calz. san lorenzo 279-32
del. iztapalapa
dos mil ejemplares y sobrantes
15 de junio de 2000

.

www.ingramcontent.com/pod-product-compliance
Lightning Source LLC
Chambersburg PA
CBHW032010190326
41520CB00007B/421